高等院校石油天然气类规划教材

有杆抽油系统

（富媒体）

何岩峰　王卫阳　编著

石油工业出版社

内 容 提 要

有杆泵采油是目前油田生产应用最广泛的开采方式，本书介绍有杆抽油系统的基本知识、基本理论与优化设计、分析方法和效率提升措施，具有系统性、实用性、可操作性等特点。同时，本书以二维码为纽带，加入了富媒体教学资源，为读者提供更为丰富和便利的学习环境。

本书可作为高等院校石油工程专业本科生、油气田开发工程等专业研究生的教学用书，也可作为采油工程技术人员的指导用书。

图书在版编目（CIP）数据

有杆抽油系统：富媒体/何岩峰，王卫阳编著.—北京：石油工业出版社，2020.12

高等院校石油天然气类规划教材

ISBN 978-7-5183-4430-7

Ⅰ.①有… Ⅱ.①何…②王… Ⅲ.①抽油杆—高等学校—教材 Ⅳ.①TE933

中国版本图书馆 CIP 数据核字（2020）第 253360 号

出版发行：石油工业出版社

（北京市朝阳区安定门外安华里 2 区 1 号楼　100011）

网　址：www. petropub. com

编辑部：（010）64523697

图书营销中心：（010）64523633

经　　销：全国新华书店

排　　版：三河市燕郊三山科普发展有限公司

印　　刷：北京晨旭印刷厂

2020 年 12 月第 1 版　2020 年 12 月第 1 次印刷

787 毫米×1092 毫米　开本：1/16　印张：9. 75

字数：210 千字

定价：28. 00 元

前　言

当地层的能力逐渐衰竭，不能再以油井自喷的方法开采石油，此时需要人为地向油井井底增补能量，将油藏中的石油举升至井口，这种采油方式称为人工举升采油方式。有杆抽油采油方式是全世界使用最为广泛的人工举升采油方式，有杆抽油系统是有杆抽油采油方式的核心。因此，有必要了解和掌握有杆抽油系统的结构、工作原理、优化设计及工况诊断方法，并了解配套工艺的发展，以便于高校石油工程专业本科生、油气田开发工程等专业的研究生学习相关知识，也可为企业采油工程岗位的石油工程师提供生产管理、优化设计和工况诊断的参考。

本书第一章介绍了有杆抽油装置的结构、工作原理和使用条件；第二章阐述了游梁式抽油机的悬点运动规律及载荷和平衡的计算方法；第三章、第四章介绍了有杆抽油系统的优化设计方法和工况诊断方法；第五章介绍了有杆抽油系统效率的分析方法及提高系统效率的措施。

全书由常州大学何岩峰教授、中国石油大学（华东）王卫阳副教授共同编著。其中，何岩峰编写了第一章到第四章，王卫阳编写了第五章。

本书在编写过程中得到了窦祥骥讲师及李秉超、戚国栋和王振龙等研究生的帮助，他们在资料收集、插图和文字处理等方面付出了辛勤的劳动。在新冠肺炎疫情期间，编著者们克服了工作的不便，将文稿成书，殊为不易。在此对参与本书编写的同志们表示深深的感谢！

由于编著者水平有限，书中难免有错误和不妥之处，恳请读者批评指正。

编著者

2020 年 6 月

目　录

富媒体资源目录

本书彩图和视频 1-2 由作者提供，其他视频由天津石油职业技术学院倪攀、西南石油大学李海涛和李年银提供。

第一章　有杆抽油装置

有杆抽油装置主要由抽油机、抽油杆、抽油泵和井下附属装置四部分组成，分别用于驱动有杆抽油设备、将机械能由地面传递到井下、将井下流体举升至地面和将气液分离（视频 1-1、视频 1-2）。

视频 1-1
抽油机

视频 1-2
抽油机结构

典型的有杆抽油装置如图 1-1 所示。

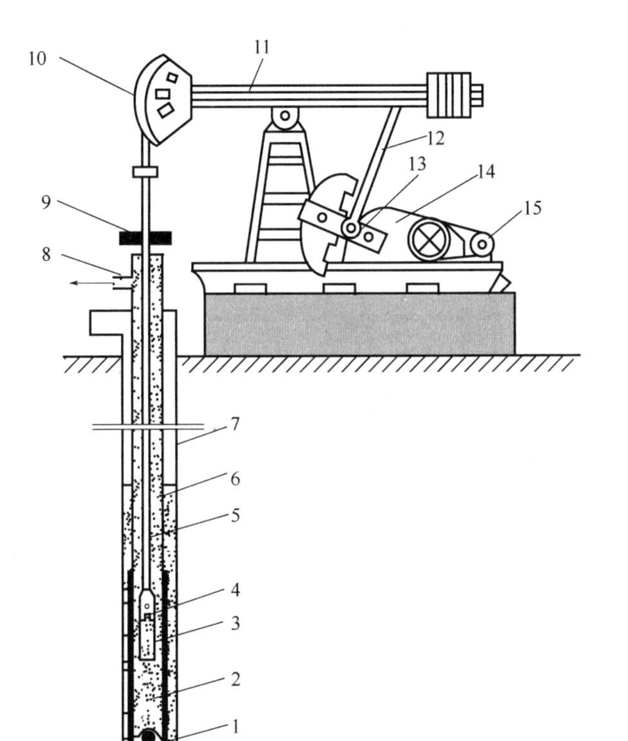

图 1-1　典型的有杆抽油装置示意图

1—吸入阀；2—泵筒；3—柱塞；4—排出阀；5—抽油杆；6—油管；7—套管；8—三通；9—密封盒；10—驴头；11—游梁；12—连杆；13—曲柄；14—减速箱；15—动力机（电动机）

第一节　抽油机

抽油机的研究、开发与应用已有一百多年的历史。总体上看，抽油机技术的发展可以划分为三代：第一代是以游梁和曲柄为主要结构的游梁式抽油机，包括常规游梁式抽油机、变型抽油机和退化游梁型抽油机等；第二代抽油机是各类无游梁型抽油机；第三代抽油机是可变四连杆机构的抽油机。

一、抽油机的类型和工作原理

（一）常规游梁式抽油机

视频 1-3
游梁

当前石油行业应用最为广泛的抽油机是常规游梁式抽油机，其结构如图 1-2 所示。各部总成件安装在固定的钢质底座上，钢质底座固定在水泥基础上，安装时要求钢质底座上的所有部件与井口在一条中心线上。游梁下部是萨姆森支架，该支架承受着全机中最大的负荷，是抽油机中强度最大的部件。在萨姆森支架的上面是支承游梁的游梁轴承座。游梁的截面是重型的工字钢，有足够的能力承载油井载荷（视频 1-3）。

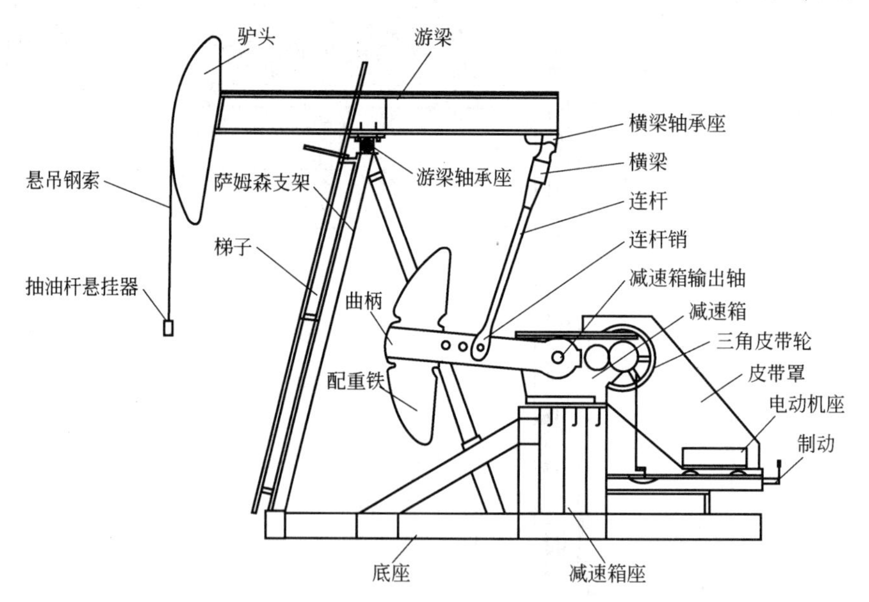

图 1-2　常规游梁式抽油机的结构

视频 1-4
驴头

游梁井口侧的末端安装有驴头（视频 1-4），抽油机通过驴头上悬挂的悬吊钢索和悬挂器与抽油杆相连。驴头上下运动，带动悬吊钢索与抽油杆悬挂器上下运动，从而带动光杆上下运动。由于游梁的驴头端实际是围绕游梁轴承座旋转运动的，所以将驴头外侧设计为弧形表面，以保证光杆做垂直上下运动。采油树是位于通向油井顶端开口处的组件，主要用于控制和调节油气生产，通常由套管头、油管头和采油树本体三部分组成。在采油树上，将油气产出到地面的阀门等设备。采油树连接了井下的油套管和地面的出油管线，将油井顶端与外部环境隔绝（图 1-3）。

(a) 采油树

(b) 变压器

(c) 抽油机控制器

图 1-3　有杆抽油系统的其他装置

彩图 1-3

视频 1-5
横梁

游梁另一侧的末端安装有横梁（视频 1-5）及轴承座。横梁轴承座与游梁连接，其下方连着横梁，横梁的两端对称地装着传递光杆负荷的连杆。钢质的连杆下端与装在曲柄上的连杆销相连。连杆销内装有轴承，使连杆下端可以随这个点做圆周运动。减速箱把电动机的高转速转变成低转速。两根曲柄分别固定在减速箱的输出轴的两侧，该轴的低速旋转驱动曲柄低速旋转。可以在曲柄上安装平衡块（配重铁），并能沿着曲柄面调整平衡块与减速箱输出轴之间的距离。

轴承可以减小抽油机各部件之间的运转摩擦阻力。当前的常规游梁式抽油机大多使用耐磨钢球轴承。这种轴承密封性好，出厂时内部充有甘油，维修工作量小。

抽油机的驱动一般由电动机来完成，由安装于抽油机附近的高压器将电网的电压调整为抽油机的工作电压，并通过（变频）控制器控制抽油机的冲数，但是有时也使用内燃机进行驱动。常规游梁式抽油机还安装有能使抽油机在任何位置上停止的制动系统和用于传动的二角皮带与皮带罩。

常规游梁式抽油机的核心是一个四连杆机构：曲柄与低速旋转的减速箱输出轴连接，构成四连杆机构的第一杆；连杆将游梁与曲柄连接，构成四连杆机构的第二杆；横梁与横梁上方的轴承座和游梁中央的游梁轴承座构成四连杆机构的第三杆；游梁轴承座与减速箱输出轴间的距离是固定的，这根虚拟的连线构成四连杆机构的第四杆。

通过四连杆机构，常规游梁式抽油机把电动机的旋转运动转变成驴头悬点处的垂直上下往复运动。驴头悬点通过钢丝绳向抽油杆柱传递往复运动，使井下的抽油泵工作。

虽然其他变型和退化游梁型抽油机的结构可能与常规游梁式抽油机有所不同，但是所有部件的作用与常规游梁式抽油机基本相同（图 1-4）。

彩图 1-4

(a) 双驴头抽油机

(b) 常规游梁式抽油机

图 1-4　游梁式抽油机外观图

（二）无游梁式抽油机

无游梁式抽油机包括链条抽油机、皮带抽油机［图 1-5(a)］、天轮式抽油机、渐开线异形抽油机、摩擦换向抽油机、轮式移动平衡抽油机、直线往复式抽油机、塔架宽度智能抽油机［图 1-5(b)］等。无游梁式抽油机将电动机的旋转运动通过皮带传动及减速箱减速驱动主动链轮，带动轨迹链条和往返架做直线往复运动，虽取消了四连杆机构，但其传动效率与游梁式抽油机区别不大。

彩图 1-5

(a) 皮带抽油机

(b) 塔架宽度智能抽油机

图 1-5　无游梁式抽油机外观图

美国是最早研制无游梁式抽油机的国家。20 世纪 70 年代以来，国内外各种类型的无游梁式抽油机蓬勃发展，现在的无游梁式抽油机的最大功率已可达 171kW，最大悬点负荷为 227kN，最大冲程为 24.4m。

无游梁式抽油机的最大优点是没有游梁、放弃了四连杆机构。除上下死点有短时间加减速运动外，无游梁式抽油机的悬点大部分时间是匀速运动，使惯性载荷大幅下降。

无游梁式抽油机冲程损失小、有效冲程长、冲次较低，加速度得以减小，从而降低了惯性载荷。但是，无游梁式抽油机结构复杂、运动件多、制造安装成本高，由于换向轮直径不能过大，钢丝绳（链条）的使用寿命偏短。

（三）特殊抽油机

除了游梁式抽油机与无游梁式抽油机外，前人还发明了多种与前面结构不同的其他类型的抽油机。

图 1-6 显示的是由卢弗金公司制造的活动驴头式低矮型抽油机，这是一种单向旋转、上冲程比下冲程长的抽油机。图 1-7 显示的是由马克公司发明的另一种特矮型抽油机，该抽油机用两组机械杆连接。连杆连着钢索，而钢索与皮带在滑轮上运动，与常规抽油机相比，运转部件更少，能实现节能的目的。

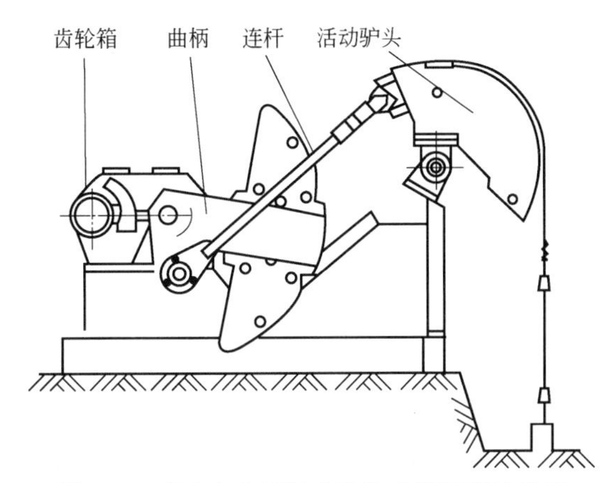

图 1-6　卢弗金公司活动驴头式低矮型抽油机

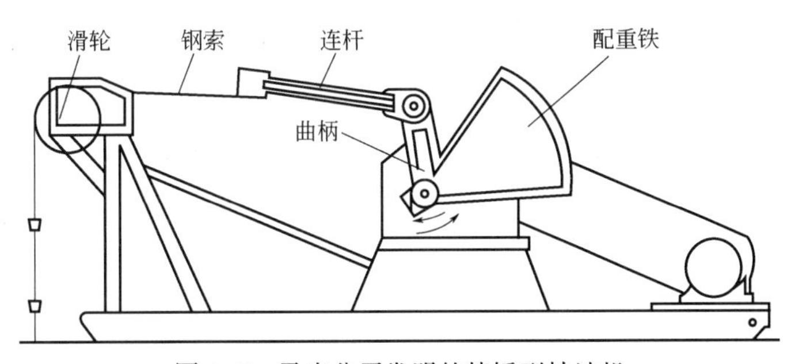

图 1-7　马克公司发明的特矮型抽油机

二、抽油机的选型、安装与保养

（一）选择抽油机时应遵守的原则

1. 考虑油井的寿命期

一般油井的生产规律是随着含水率的上升，抽油机的悬点载荷会越来越大，所以不能只考虑油井当前的生产状况，而是应至少考虑油井 20 年内的生产动态，避免因为抽油机的初期负荷小而选用过小的抽油机机型，生产不长时间后又不得不更换更大型的抽油机，造成浪费。[1]

2. 考虑抽油机参数的相互影响

抽油机选型时，需要确定抽油机的驴头悬点载荷、光杆冲程、减速箱扭矩。在同样的泵深和抽油杆柱条件下，悬点载荷随光杆冲程、冲次等变化，最大、最小悬点载荷的差值越大，减速箱扭矩越大。由此可见，抽油机三项基本参数互相影响，原则上不必三项同时选用最大值。选择抽油机参数时，除光杆冲程按抽油机工作状况选择外，一般驴头悬点载荷取额定载荷的65%~95%，减速箱扭矩取额定扭矩的55%~90%即可。

（二）安装抽油机时应遵守的原则

1. 地基要求

要求地基承压不小于15t/m^2。地基要夯实，翻浆地区应挖至冻土层以下夯实，必要时使用三合土或砂石浇灌水泥，地基厚度不小于20cm，长、宽尺寸较抽油机基础的截面尺寸大20cm。

2. 安装要求

（1）抽油机底盘每米长度的纵向不水平度不大于3mm，横向不水平度不大于2mm。

（2）游梁轴承支架顶面纵向、横向不水平度不大于3mm。

（3）3型以下抽油机的驴头悬点对井口中心的偏差不大于10mm，4~8型抽油机的不大于14mm，10~14型抽油机的不大于22mm，16型以上抽油机的不大于28mm。

（4）3型以下抽油机的减速箱曲柄剪刀差不大于3mm，4~8型抽油机的不大于5mm，10~14型抽油机的不大于6mm，16型以上抽油机的不大于7mm。

（5）噪声要求：减速箱扭矩小于37kN·m时噪声小于85dB，扭矩大于37kN·m时噪声小于87dB。

（三）保养抽油机时应注意的事项

1. 游梁式抽油机的润滑要求

综合厂家说明书有关润滑的要求，建议按表1-1要求执行润滑。

表1-1 游梁式抽油机润滑表

序号	润滑部位	润滑点位置	润滑点数量	润滑油品种		润滑油用量，kg		润滑油周期，月	
				冬季	夏季	加油	更换	加油	更换
1	减速齿轮箱	飞溅式润滑	1	120号工业齿轮油	150号工业齿轮油	视需要	120~300	视需要	6
2	连杆下端轴承	在轴承座两侧盖处	2	ZL-2	ZL-3	0.1	0.8~1.2	视需要	6~12

续表

序号	润滑部位	润滑点位置	润滑点数量	润滑油品种		润滑油用量，kg		润滑油周期，月	
				冬季	夏季	加油	更换	加油	更换
3	横梁轴承	在轴承座两侧盖处	3	ZL-2	ZL-3	0.15	1.0~1.5	视需要	6~12
4	连杆上端销	在销子端面上的油孔	4	ZL-2	ZL-3	0.2	0.2	视需要	6~12
5	支架轴承	在轴承座两侧盖处	5	ZL-2	ZL-3	0.2	1.2~1.8	视需要	6~12
6	驴头插销轴	在轴销上端	6	ZL-2	ZL-3	0.1	0.5	视需要	6~12
7	电动机轴承	在轴承座上	7	ZL-2	ZL-3	0.2	1.0	视需要	6~12

2. 减速箱内允许残存杂物的标准

减速箱内允许残存杂物的量，随减速箱规格不同而不同。一般扭矩为2.8kN·m、6.5kN·m、9kN·m等的减速箱内，残存杂物不得大于400mg；扭矩为18kN·m、26kN·m、37kN·m、48kN·m的减速箱内，残存杂物不得大于1000mg；扭矩为53kN·m、73kN·m的减速箱内，残存杂物不得大于1200mg；扭矩为105kN·m以上的减速箱内，残存杂物不得大于1500mg。

3. 减速箱润滑故障及排除方法

减速箱润滑故障及排除方法见表1-2。

表1-2 减速箱润滑故障及排除方法

序号	故障	原因	排除方法
1	轴承中缺油，造成轴承过热	当高温时可能油太稀，当低温时可能油太稠	调整润滑油黏度或更换合适黏度的润滑油
		油面过低	将润滑油加至规定油面
2	在寒冷冬天启动困难	润滑油黏度过高	调整润滑油黏度或更换合适黏度的润滑油
		润滑油失效	更换合格的润滑油
3	齿轮产生持续的点蚀、磨损或擦伤	润滑油不足	将润滑油加至规定油面
4	减速箱润滑油温度过高	润滑油不足	将润滑油加至规定油面
		润滑油过多	放出多余的润滑油
5	齿轮轴承磨损加速	润滑油层中杂质过多	更换润滑油
6	减速箱内润滑油层起泡沫，润滑油失致	润滑油标号不合适或清洗时用的煤油污染了润滑油	更换润滑油
		润滑油过多	放出多余的润滑油
		回油孔堵塞	疏通回油孔
		挡油密封圈严重磨损	更换挡油密封圈

续表

序号	故障	原因	排除方法
7	润滑油混浊不清	润滑油被乳化	清洗和更换合适的润滑油
		呼吸器堵塞	清洗呼吸器
8	减速箱内有很稠的皂状泥	润滑油标号不合适	更换合适的润滑油
9	齿轮或轴承严重腐蚀	减速箱中有水、润滑油标号不合适或润滑油变质	清洗并更换合适的润滑油，可考虑在润滑油中加防腐剂
		通风不良，呼吸器堵塞	清洗呼吸器
10	齿轮和轴承表面有不溶解的沉积物	润滑油使用时间超标或润滑油标号不合适	更换新油或更换合适的润滑油

4. 抽油机常见故障及排除方法

抽油机常见故障及排除方法见表 1-3。

表 1-3　抽油机常见故障及排除方法

序号	故障	原因	排除方法
1	抽油机摇晃	基础制作不正确	按标准校正
2	零部件相互发生位移	抽油机安装不正确	按说明书校正安装方法
3	支架或驴头振动，电动机发出不均匀的噪声	支架与底座、减速箱与底座、底座与基础的连接螺栓松动	拧紧所有连接螺栓，并经常检查其紧固度
4	曲柄销在曲柄孔内松动或发生轴向位移，发出周期性的响声	驴头悬点载荷过大或冲数过快	合理调整抽汲参数或更换抽油机
		抽油机不平衡	调整平衡
		连杆与曲柄连接蹩劲	调整连杆与曲柄的装配位置
		曲柄销与轴套销孔配合不紧	拧紧锁螺母，作好防松措施
		曲柄销与销孔配合面脏	清洗销和销孔
5	连杆碰擦曲柄或平衡块	游梁安装偏斜	调整游梁，使游梁纵向中心线与减速箱纵向中心线重合
6	曲柄和减速箱曲柄轴连接破坏，曲柄剧烈跳动	曲柄上差动螺栓松动	拧紧差动螺栓
		轴上键槽或楔键挤坏	更换新键，将键装在与旧键槽相距 90°的新键槽内
7	轴承成轴承座发生位移	螺栓松动	拧紧螺栓
8	U 形螺栓发生弯曲	游梁支承与垫板之间有间隙	拧紧螺栓
9	游梁发生轴向位移	U 形螺栓松动	拧紧螺栓
10	刹车失灵或自动刹车	刹车间隙未调整好	调整调节螺母，使刹车间隙达到要求
		刹车带磨损	更换刹车带
		刹车鼓和刹车块被油污染	用汽油清洗干净
11	减速箱内发生撞击声	抽油机平衡不好	调整平衡
		轴上齿轮与轴的配合松动	更换齿轮和轴
		齿轮过度磨损或折断	更换齿轮副
		轴承磨损或损坏	更换轴承

续表

序号	故障	原因	排除方法
12	减速箱齿轮在良好的润滑条件下产生严重的点蚀或擦伤	齿轮过载	更换减速箱
13	悬绳器钢丝绳张力不一致	钢丝绳跳槽被卡死	调整钢丝绳弧面压板间隙
14	悬绳器与光杆连接松动	光杆卡子松动、卡瓦磨损或光杆卡子尺寸不符	紧光杆卡子、更换卡瓦或更换合适的光杆卡子
15	皮带松弛发生打滑	皮带均匀伸长	调整中心距
		使用皮带长度不一致	更换长度一致的皮带
		电动机带轨松动	调整好中心距并固紧
		皮带轮和皮带被油污染	用汽油清洗干净

5. 常用熔断丝的选择

熔断丝电流的计算公式如下：

$$I_r = dLK \tag{1-1}$$

式中 I_r——熔断电流，A；

d——熔断丝直径，mm；

L——电动机额定电流，A；

K——电动机启动电流倍数，为 4~7 倍（可参考实际启动电流倍数选用）。

熔断丝可按表 1-4 选择。

表 1-4 常用熔断丝规格表

种类	直径 mm	近似英规线号	额定电流 A	熔断电流 A	直径 mm	近似英规线号	额定电流 A	熔断电流 A
青铅合金丝	0.4	27	1.35	3	1.75	15	12.5	25
	0.5	25	2	4	1.98	14	15	30
	0.54	24	2.25	4.5	2.38	13	20	40
	0.58	23	2.5	5	2.78	12	25	50
	0.65	22	3	6	3.14	10	30	60
	0.94	20	5	10	3.81	9	40	80
	1.16	19	6	12	4.12	8	45	90
	1.22	18	8	16	4.44	7	50	100
	1.51	17	10	20	4.91	6	60	120
	1.66	16	11	22	6.24	4	70	140
铅锡合金丝	0.51	25	2	3	1.63	16	11	16
	0.56	24	2.3	13.5	1.83	15	13	19
	0.61	23	2.6	4	2.03	14	15	22
	0.71	22	3.3	5	2.34	13	18	27
	0.81	21	4.1	6	2.65	12	22	32
	0.92	20	4.8	7	2.95	11	26	37
	1.22	18	7	10	3.26	10	30	44

续表

种类	直径 mm	近似英规线号	额定电流 A	熔断电流 A	直径 mm	近似英规线号	额定电流 A	熔断电流 A
铜丝	0.23	34	4.3	8.6	0.74	21	22	43
	0.25	33	4.9	9.8	0.91	20	34	62
	0.27	32	5.5	11	1.02	19	37	73
	0.32	30	6.8	13.5	1.22	18	49	98
	0.37	28	8.6	17	1.42	17	63	125
	0.46	26	11	22	1.63	16	78	156
	0.56	24	15	30	1.83	15	96	191
	0.71	22	21	41	0.03	14	115	229

第二节　抽油杆

抽油杆是有杆抽油设备的重要部件之一。它将抽油机和抽油泵连接起来，将地面抽油机的动力传递给井下抽油泵。抽油杆是有杆抽油装置中最薄弱的环节之一，油田经常发生因抽油杆断脱而停产的事故，抽油杆的疲劳强度及使用寿命决定和影响了整套抽油设备的最大下泵深度和排量。

许多抽油井的井液含有腐蚀介质，同时，抽油杆柱在井液中承受不对称循环载荷的作用，所以抽油杆的主要失效形式为疲劳断裂或腐蚀疲劳断裂。一些老油田，因含水量的增加及油井液体腐蚀的加剧，抽油杆事故与日俱增，导致油井免修期缩短和原油产量减少，增加了修井费用，提高了原油成本。因此，提高抽油杆的强度，研制新的抽油杆材料，是抽油杆发展的必然趋势。

抽油杆技术的发展趋势是向着新结构（焊接抽油杆、空心抽油杆）、新工艺（喷涂不锈钢抽油杆、综合强化抽油杆）、高强度（S-80、KD 级、FL 级、97 型）、连续杆（钢带抽油杆、石墨带抽油杆、Corod 抽油杆、钢丝绳抽油杆）、新材料（不锈钢抽油杆、铝合金抽油杆、玻璃钢抽油杆、钢带抽油杆、石墨带抽油杆）、耐腐性（不锈钢抽油杆、铝合金抽油杆、玻璃钢抽油杆、石墨带抽油杆）、耐磨损（Corod 抽油杆）等方向发展。[2]

一、抽油杆的类型

抽油杆主要分为实心抽油杆和空心抽油杆，单根长度一般为 8m 左右，为了调节抽油杆柱的长度组合，还有长度不同的短抽油杆。抽油杆柱由数十根或数百根抽油杆通过接箍连接而成。抽油杆柱最上面的一根抽油杆称为光杆，光杆与井口密封盒配合起到井口密封的作用。[3]

普通抽油杆如图 1-8 所示，其接头结构如图 1-9 所示。抽油杆的杆体是实心圆形断面的钢杆，两端为锻粗的杆头。杆头由外螺纹接头、卸荷槽、推承面台肩、扳手方颈、凸缘和圆弧过渡区组成。外螺纹接头用来与接箍相连接，扳手方颈用来装卸抽油杆接头时卡抽油杆钳用。

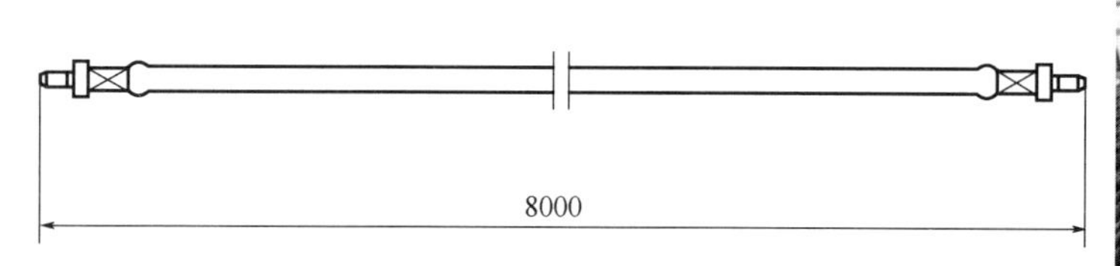

(a) 普通抽油杆的结构示意图(单位：mm)

(b) 抽油杆实物图

图 1-8　普通抽油杆

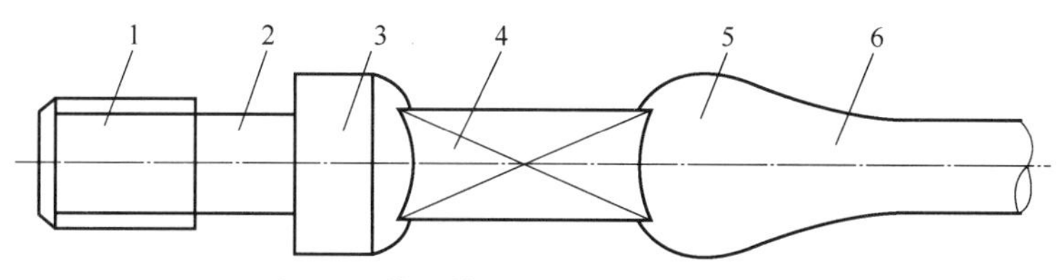

彩图 1-8

图 1-9　普通抽油杆接头的结构示意图

1—外螺纹接头；2—卸荷槽；3—推承面台肩；4—扳手方颈；5—凸缘；6—圆弧过渡区

抽油杆大致可分为金属抽油杆、非金属抽油杆和连续抽油杆三类。在施工时间和断脱率方面，金属抽油杆和非金属抽油杆区别不大，与连续抽油杆有较大的区别。

（一）金属抽油杆

金属抽油杆结构简单、制造容易、成本低，在油管中运动方便，主要用于常规有杆抽油泵采油方式。

1. 高强度抽油杆

我国生产 D 级抽油杆的材料有热轧的 20CrMoA 钢和 35Mn2A 钢等。D 级抽油杆属于材料型抽油杆，H 级抽油杆属于工艺型抽油杆。用准贝氏体钢研制超高强度抽油杆，可以简化生产工艺、降低成本，获得较好的经济效益。不同热处理条件下，抽油杆的力学性能见表 1-5。准贝氏体钢直接在热轧态+低温或高温回火均可满足 D 级和 H 级抽油杆要求。

BZ-11 钢的热处理工艺与力学性能见表 1-6。

表 1-5　抽油杆材料及力学性能

等级	材料	屈服强度 σ_s，MPa	抗拉强度 σ_b，MPa	断面收缩率 ψ，%	伸长率 δ，%	冲击功 A_{ku}，J
D	碳钢或合金钢	≥620	≥794	≥50	≥10	≥60.8
H		≥793	≥965	≥45	≥12	—

表 1-6　BZ-11 钢的热处理工艺与力学性能

热处理工艺	屈服强度 σ_s，MPa	抗拉强度 σ_b，MPa	断面收缩率 ψ，%	伸长率 δ，%	冲击功，J
920℃空冷	655	775	71	25	>147
600℃回火	665	780	71	25	>147
920℃空冷	810	920	67	19	>147
500℃回火	790	910	67	20	>147
920℃空冷	900	1050	66	19	>147
400℃回火	910	1070	65	18	143
920℃空冷	1050	1140	64	17	141
350℃回火	1030	1150	64	19	141
920℃空冷	1048	1120	60	17	>147
300℃回火	1080	1190	64	17	>147
920℃空冷	980	1130	62	16	>147
不回火	980	1130	62	17	>147

2. 空心抽油杆的结构

前苏联和奥地利生产的空心抽油杆是两种典型的空心抽油杆结构。

前苏联空心抽油杆结构如图 1-10 所示。杆头一端为内螺纹，另一端为外螺纹，组成抽油杆柱时，不需要接箍。

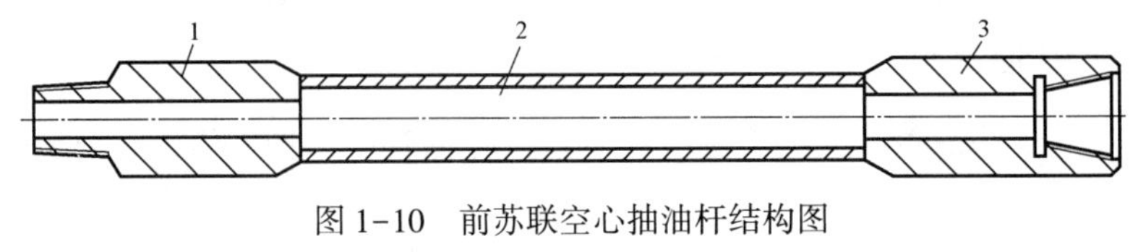

图 1-10　前苏联空心抽油杆结构图

1,3—焊接杆头；2—杆体

奥地利空心抽油杆结构如图 1-11 所示。其外形结构与普通抽油杆相似，需要用接箍将它们连接成抽油杆柱。

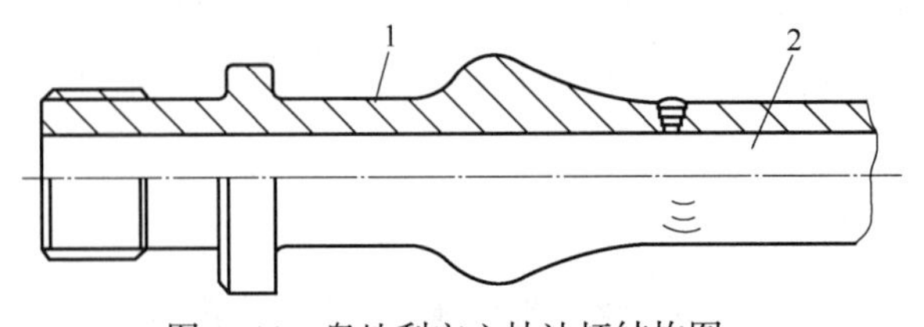

图 1-11　奥地利空心抽油杆结构图

1—焊接杆头；2—杆体

我国近年来有多种空心抽油杆问世，其结构基本与前苏联和奥地利的空心抽油杆相同。表 1-7 给出了我国空心抽油杆的规格及尺寸。

表 1-7　我国空心抽油杆的规格及尺寸

<table>
<tr><th rowspan="2">规格</th><th rowspan="2">杆体
直径
$D^{+0.15}_{-0.05}$
mm</th><th rowspan="2">杆体
壁厚
δ，mm</th><th rowspan="2">螺纹
名义
直径
d，in</th><th rowspan="2">卸荷槽
直径
D，mm</th><th rowspan="2">卸荷槽
长度
L_1，mm</th><th rowspan="2">扳手
方径
长度
L_2，mm</th><th rowspan="2">扳手
方径
宽度
S，mm</th><th colspan="2">空心抽油杆
长度 L，mm</th></tr>
<tr><th>常规抽
油杆</th><th>短抽
油杆</th></tr>
<tr><td>KG22</td><td>22</td><td>4</td><td>$1\frac{1}{16}$</td><td>23.24</td><td rowspan="6">18</td><td rowspan="6">38</td><td>34</td><td rowspan="6">8000
7500
7100</td><td rowspan="6">1000
1600
2000
2500
3100</td></tr>
<tr><td>KG25</td><td>25</td><td>4</td><td>$1\frac{3}{16}$</td><td>26.42</td><td>38</td></tr>
<tr><td>KG28</td><td>28</td><td>4.5</td><td>$1\frac{3}{8}$</td><td>31.17</td><td>41</td></tr>
<tr><td>KG32</td><td>32</td><td>5</td><td>$1\frac{9}{16}$</td><td>35.92</td><td>46</td></tr>
<tr><td>KG36</td><td>36</td><td>5.5</td><td>$1\frac{3}{4}$</td><td>40.68</td><td>50</td></tr>
<tr><td>KG40</td><td>40</td><td>6</td><td>$1\frac{7}{8}$</td><td>43.68</td><td>58</td></tr>
</table>

注：1in=25.4mm。

空心抽油杆具有以下使用特点：

（1）空心抽油杆除可做普通抽油杆传递动力外，还可以通过其内孔加入各种稀释剂、轻油、热油等降低原油的黏度、清除油井结蜡，有助于改善井筒中原油的流动性质；

（2）空心抽油杆可以和无管泵配套使用，使原油从空心抽油杆的内孔流出，这样，空心抽油杆既起抽油杆的作用，又起油管的作用；

（3）空心抽油杆的流道小，流速快，不易沉积砂粒，适用于含砂油井；

（4）空心抽油杆的抗扭能力比普通抽油杆的大，适用于螺杆泵采油：

（5）便于向井中安装各种控制器。

空心抽油杆存在的问题如下：空心抽油杆既当抽油杆又当油管时，必须与相应的抽油泵相匹配，才能得到合理使用；在制造过程中必须解决杆体与杆头的连接质量和同心度问题。

3. 电热抽油杆

电热抽油杆是为开采稠油或含蜡原油而研制的一种特殊抽油杆。它在抽油杆轴向上的孔内装有电阻加热元件，因此称为电热抽油杆。电热抽油杆有两种：一种是输入直流电产生电阻热的直流电热杆；另一种是输入交流电产生集肤效应热的交流电热杆。

1）电热抽油杆连接结构

电热抽油杆的连接结构如图 1-12 所示。在每根抽油杆的内孔中安装有电阻加热元件。为避免电阻加热元件与抽油杆直接接触，在电阻丝周围包有电绝缘体，它的作用是防止电阻丝与周围物质及抽油杆相接触，同时还具有导热功能。为将组成抽油杆柱的相邻抽油杆中的电阻丝连接起来，在接箍的中心安装有轴向电导元件。该电导元件通过绝缘体 7 置于轴向位置，这样既可以将电阻丝连接起来，又可以与接箍和抽油杆隔开。

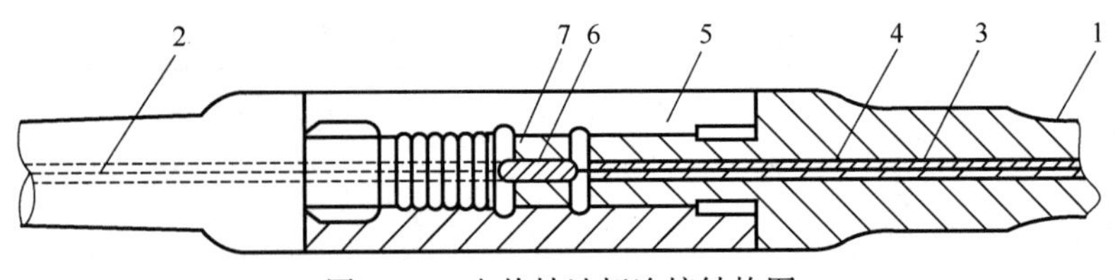

图 1-12　电热抽油杆连接结构图

1—抽油杆；2—抽油杆内孔；3—电阻丝；4,7—绝缘体；5—接箍；6—电导元件

2）形成回路的终端结构

形成回路的终端结构如图 1-13 所示。变压器的一根电缆线与抽油杆的电阻丝相连，另一根电缆线与光杆的外表面相连，而每根抽油杆的外表面是相连的，所以需要有一种装置使连接电阻丝的电缆线与连接抽油杆外表面的电缆线相连才能构成回路。为此设计了整体式电导体装置。该电导体定向装入接箍中，从而将电阻丝与接箍相连、构成回路。电热抽油杆工作时，抽油杆中的电阻丝会发热，热量传入原油，使原油升温，从而起到降黏及防止结蜡的作用。

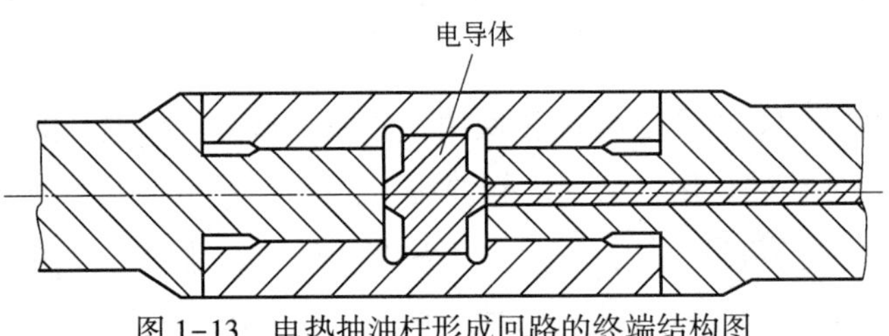

图 1-13　电热抽油杆形成回路的终端结构图

4. 铝合金抽油杆

近年来，铝成本不断降低，从而为制造铝合金抽油杆创造了条件。铝合金抽油杆具有以下特点：

（1）铝合金抽油杆不会发生明显的电化学腐蚀现象。在抽油杆两端的外螺纹上涂有绝缘层，可以防止抽油杆接头发生电化学腐蚀。

（2）铝合金抽油杆的质量只有钢质抽油杆质量的三分之一，可以减小抽油机悬点载荷，提升下泵深度。

（3）铝合金抽油杆耐腐蚀较好，对 CO_2 等介质的的耐腐蚀能力为钢质抽油杆的 3~5 倍。

5. 不锈钢抽油杆

采用 1Cr17Ni2 材料制造的不锈钢抽油杆，适合强化采油和含有 CO_2 较多的油井采油的需要。D 级抽油杆表面喷涂不锈钢后，也具有较好的耐腐蚀性能。

（二）非金属抽油杆

1. 石墨带抽油杆

石墨带抽油杆是用石墨复合材料制造的连续带状抽油杆，可部分替代常规的抽油杆柱。石墨带抽油杆具有质量轻、强度高、耐腐蚀的特点。

1）石墨带抽油杆的运输与安装

石墨带抽油杆的弹性模量较高，柔性和抗绕性能较好，可以缠绕在直径为2.43m滚筒上，一般可缠绕1524m。可以利用车辆运到井场安装并下井，先将滚筒置于井口装置上面，抽油杆的一端与抽油泵柱塞和加重抽油杆相连接，然后再转动滚筒使石墨带抽油杆下到预定井深，最后将抽油杆与光杆连接即可。

2）石墨带抽油杆规格与性能

现已制造出两种规格的石墨带抽油杆，名义尺寸分别为½in（12.7mm）和⅝in（15.9mm）。因为石墨带抽油杆的横截面形状是矩形，所以这两种尺寸等效于同样横截面积的圆形普通抽油杆的有效直径。石墨带抽油杆比圆形杆接触液体面积大，液流阻力较大。然而，石墨带抽油杆没有接头，不会产生附加阻力。

3）石墨带抽油杆的优点

（1）采用石墨带抽油杆进行抽油，没有常规抽油杆的接头部分，消除了接头断裂事故，节约了卸扣的劳动量和时间，减少了油流的阻力。

（2）石墨带抽油杆的抗拉强度和许用工作应力均较高，质量较轻，不仅可以减少抽油机载荷或者提高下泵深度，还可以节能。但是，为了确保下冲程的顺利进行，必须在下端连接加重抽油杆。

（3）石墨带抽油杆可以缠绕在小直径滚筒上，体积和占地面积小，运输与安装方便，便于油井管理，减少油井维护工作量。

（4）石墨合成材料耐腐蚀性好，抽油杆故障少、寿命长、使用安全可靠。

（5）石墨带抽油杆疲劳强度高，特别适用于深井和稠油井开采。

2. 玻璃钢抽油杆

与金属材料相比，玻璃钢材料制成的抽油杆质量轻、抗腐蚀、疲劳性能更好。

1）玻璃钢抽油杆的结构

玻璃钢抽油杆由玻璃钢杆体和两端带外螺纹的钢接头组合面成，如图1-14所示。

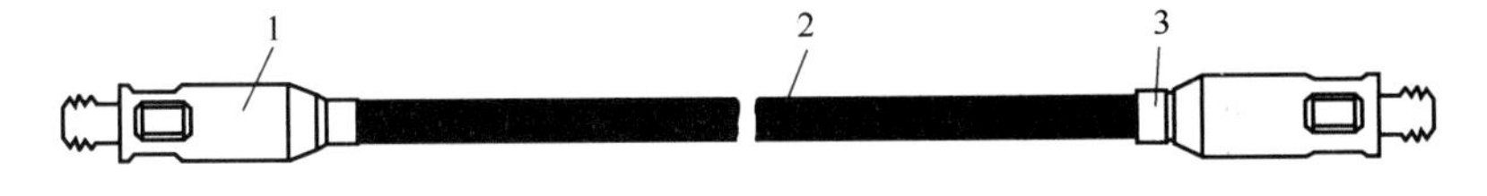

图1-14　玻璃钢抽油杆的结构示意图

1—钢接头；2—杆体；3—护套

钢接头内腔由数级锥面组成，利用特殊黏接工艺，用环氧树脂黏接剂黏接在玻璃钢杆体上。工作时，钢接头内腔黏接的多级锥面承受工作应力。其结构如图1-15所示。

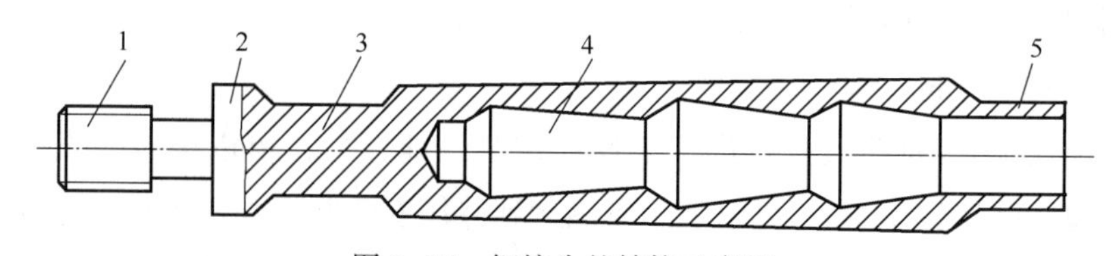

图 1-15　钢接头的结构示意图

1—外螺纹；2—台肩；3—扳手方径；4—空腔部分；5—护套

2）玻璃钢抽油杆的类型

玻璃钢抽油杆按杆身直径、最高工作温度和端部接头级别划分为不同类型。

例如：⅞in-93℃-A，其中，⅞in 为杆身直径；93℃为最高工作温度；A 为端部接头强度级别，A 级为 620~793MPa，B 级为 793~965MPa。

3）玻璃钢抽油杆的性能特点

（1）质量轻。玻璃钢抽油杆杆体密度为（2.02~2.05）$\times10^3$kg/m^3，考虑金属接头的密度后，其单位长度的质量约为普通钢杆的 1/3，因此采用玻璃钢或玻璃钢与钢杆的混合杆柱，可减小抽油机悬点载荷，降低峰值扭矩和功率消耗，从而提高设备的抽汲能力及系统效率。

（2）弹性好。国产 D 级抽油杆材料的弹性模量为 20.86$\times10^4$MPa，而玻璃钢抽油杆材料的弹性模量为 4.96$\times10^4$MPa，仅为 D 级抽油杆的 1/4，因此具有更好的弹性。由于玻璃钢抽油杆的刚度比普通钢杆的小得多，在相同液柱载荷的作用下其伸长比普通钢杆长得多，所以玻璃钢抽油杆更适合于小泵深抽。

（3）耐腐蚀。玻璃钢抽油杆杆体抗腐蚀性能好，杆头采用 K 级抽油杆用钢，也提高了耐腐蚀性能，因此玻璃钢抽油杆特别适于在酸性油井中使用，可减少抽油杆的断脱事故。

（4）不能承受轴向压缩载荷。玻璃钢抽油杆的主要缺点是不能承受轴向压缩载荷，因此一般应与钢杆组成混合杆柱，以便保证玻璃钢抽油杆始终处于受拉伸状态。同时，应尽量加大玻璃钢在混合杆柱中的比例，以保证混合杆柱的弹性。

（5）其他缺点。玻璃钢抽油杆价格较贵，使用温度不能超过限定温度，报废杆不能熔化回收利用。

（三）连续抽油杆

1. 连续抽油杆的规格

连续抽油杆的规格见表 1-8。

表 1-8　连续抽油杆的规格

规格，mm	编号	重量，N/m	横截面积，m^2	短轴半径，mm（±0.5mm）	长轴半径，mm（±0.5mm）
26.98	7#	44.00	572	35.6	18.9

续表

规格，mm	编号	重量，N/m	横截面积，m^2	短轴半径，mm (±0.5mm)	长轴半径，mm (±0.5mm)
25.40	6#	39.00	507	32.3	18.8
29.30	5#	34.30	445	29.7	18.5
22.20	4#	29.89	188	25.4	18.5
20.63	3#	25.77	335	24.1	16.5
19.05	2#	21.95	285	22.9	15.2

2. 连续抽油杆的优点

（1）降低抽油杆连接部分的失效。

普通抽油杆连接部分的失效数，占抽油杆柱总失效数的60%~80%。连续抽油杆不使用螺纹连接抽油杆，从而彻底消除了连接部分的失效。

（2）减轻抽油杆与油管的磨损。

普通抽油杆在油管中工作时，由于井身轨迹等因素，会造成抽油杆柱与油管发生接触。通常抽油杆柱对油管的正压力集中作用在接箍上，造成接箍与油管接触，导致接触部位磨损加剧。从油管横截面来看，接箍与油管内表面是点接触，这更加剧了磨损。连续抽油杆的横截面为半椭圆形，曲率半径为38.1mm，而任何油管的内径均小于76.2mm，因此连续抽油杆在油管内有两个以上的接触点；此外，在杆管曲率半径相同的油管中，为线接触，如图1-16所示。此外，每7.6m长的抽油杆柱上，普通抽油杆与油管的接触线长度为接箍的长度（100~150mm），而连续抽油杆可达15.2m。由此可

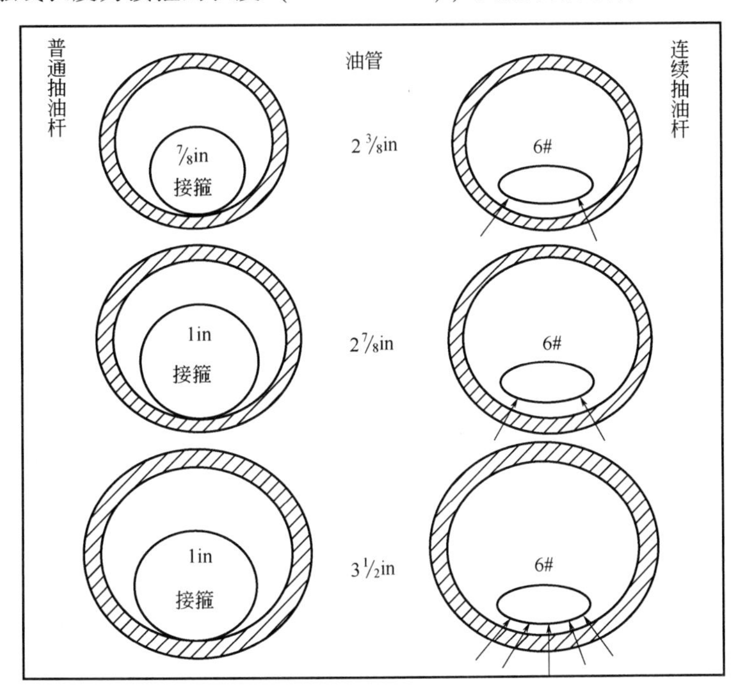

图1-16　抽油杆与油管的接触点

见，连续抽油杆与油管的接触面积可能为普通抽油杆的100~150倍。如果抽油杆对油管的正压力相等，则连续抽油杆对油管的单位正压力比普通抽油杆小得多，所以其对油管磨损的严重程度也远小于普通抽油杆。

（3）可降低抽油杆的工作应力。

连续抽油杆没有头部镦粗部分和接箍，其质量比相应的普通抽油杆柱的小，可以使用比普通抽油杆尺寸更大的连续抽油杆，从而降低抽油杆的工作应力。

（4）可提高抽油杆作业的速度，减轻劳动强度。

（5）可减少结蜡。

普通抽油杆结蜡多发生在接箍周围。这是由于在接箍周围区域压力降低，导致气体析出，使这个区域降温结蜡。连续抽油杆没有接箍，因而可减少结蜡。

（6）可减小流体的流动阻力。

连续抽油杆没有接箍，杆管环空截面积增大，因而减小了流体的流动阻力。

3. 连续抽油杆存在的问题

（1）运输困难。

主装有连续抽油杆卷盘的拖车高4.58m，宽3.66m，由于铁路隧道高度有限，有些公路路面狭窄，因此铁路和公路运输都比较困难。

（2）焊缝局部热处理质量有待进一步提高。

由于局部加热而引起的过渡区金相组织的变化，会降低连续抽油杆的疲劳性能，因此要进一步提高局部热处理的质量。

二、抽油杆失效分析方法

（一）失效类型

抽油杆及其接箍的失效类型有两种：一种是断裂，即在抽油杆柱的某个截面发生断裂；另一种是脱扣，这是由于接头的螺纹连接松动使得抽油杆与接箍脱开。抽油杆断裂主要是疲劳断裂，也有因卡泵时超载或接箍严重磨损而引起的。抽油杆在交变应力的作用下发生破坏的现象，称为疲劳断裂。影响疲劳的因素可归纳为四个方面，即材料特性、载荷、构件的形状和尺寸以及工作环境。抽油杆疲劳断裂部位通常是外螺纹接头、扳手方颈、锻造热影响区和杆体。接箍的疲劳断裂大多数是从内部与外螺纹接头第一个完整螺纹相重合的地方开始，也有的发生在外表面的磨损、凹坑、刻痕处或扳手平面的圆角处。[4]

（二）失效原因

抽油杆和接箍失效的原因可归纳为以下六个方面。

1. 抽油杆外螺纹接头断裂的原因

抽油杆外螺纹接头断裂的原因主要有：抽油杆外螺纹接头预紧力过大或不足，材料缺陷或热处理质量不符合要求，螺纹加工质量差，台肩端面与外螺纹中心线的垂直度误差大，抽油杆台肩侧面与接箍端而接触不紧密，地层水渗入引起腐蚀和抽汲载荷超载。

2. 扳手方颈区断裂的原因

扳手方颈区断裂主要由锻造缺陷引起，主要包括出现折叠型裂纹，以及扳手方颈两端过渡圆角太小引起的应力集中和机械损伤。

3. 热影响区断裂的原因

热影响区断裂的原因包括：抽油杆表面存在残余拉应力，锻造后的杆体上有压痕或局部直径变小，锻造加热温度太高产生过热组织，制造和使用过程中造成的杆头弯曲等。

4. 杆体断裂的原因

杆体断裂的主要原因包括：制造、运输和储存过程中引起弯曲，使用过程中造成的杆体弯曲，材料缺陷或热处理质量不符合要求，表面刻痕、凹坑引起的应力集中，抽油杆柱设计不合理或因卡泵导致的超载，腐蚀导致的断裂等。

5. 抽油杆接头脱扣的原因

抽油杆接头脱扣的原因主要包括：抽油杆台肩侧面和接箍端面的垂直度不符合要求，预紧力不足，装配前没有将抽油杆外螺纹接头和接箍清洗干净，选用的螺纹润滑剂不合适，液击、碰泵的冲击载荷的影响，悬绳器的扭摆和抽油系统的振动导致的抽油杆柱下部弯曲等。

6. 接箍断裂的原因

接箍断裂的主要原因包括：接箍与油管摩擦，预紧力不足，材料缺陷或热处理质量不符合要求，表面刻痕、凹坑引起的应力集中和腐蚀等。

（三）预防措施

（1）防止偏磨现象，合理使用防偏磨工艺可有效减轻抽油杆偏磨程度。

（2）防止腐蚀，加缓蚀剂是解决油井抽油杆腐蚀的一种有效方法。

（3）合理设计抽油杆柱可防止下冲程时抽油杆柱弯曲，避免抽油杆与油管内壁的磨损，减少抽油杆断脱事故.

（4）严把抽油杆制造质量关，要求出厂的抽油杆无弯曲现象，表面无伤痕。

（5）加强抽油杆管理，尽可能避免运输过程中的损伤，加强使用过程中的生产技术管理建立抽油杆使用档案，规定抽油杆服役期限，定期更换抽油杆并制定抽油杆回收管理和操作制度。

三、抽油杆柱附属设备

抽油杆柱中，除了抽油杆和接箍外，还有很多重要的附属设备，主要包括抽油光杆、加重杆、抽油杆扶正器、抽油杆减振器、抽油杆防脱器等，如图 1-17 所示。[5]

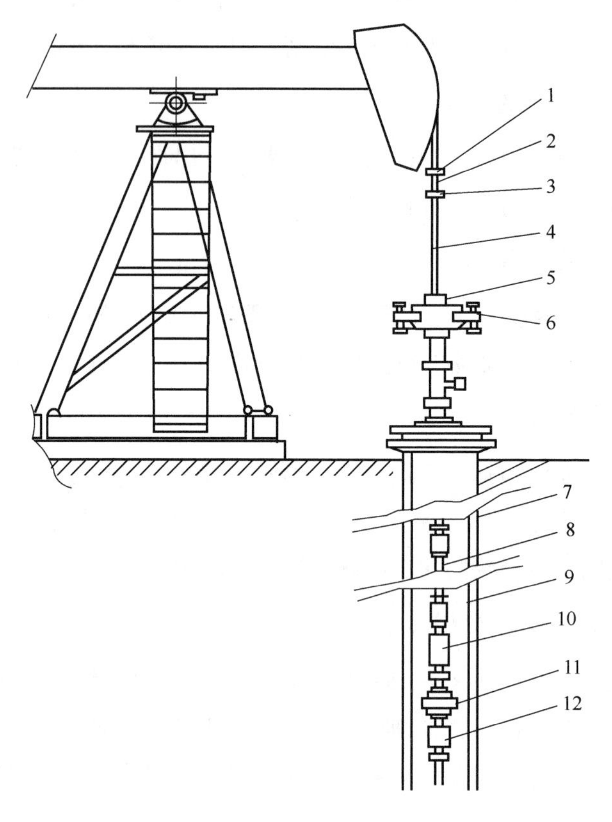

图 1-17　抽油杆柱及其附属设备

1—抽油光杆卡；2—抽油杆减振器；3—悬绳器；4—抽油光杆；5—抽油光杆衬套；6—抽油光杆密封盒；7—套管；8—抽油杆；9—油管；10—加重杆；11—抽油杆扶正器；12—抽油杆防脱器

（一）抽油光杆

抽油光杆是将抽油机悬点的往复运动传递给抽油杆的重要部件，它通过抽油光杆卡、悬绳器与抽油机连接，并通过光杆接箍与抽油杆连接。在抽油机的带动下，抽油光杆在抽油光杆密封盒内做往复运动。

1. 抽油光杆的工作条件及使用要求

抽油光杆承受着不对称循环应力，在大气和井液中往复运动，其外表面与抽油光杆密封盒形成滑动摩擦。因此，抽油光杆是在大气腐蚀、井液腐蚀、不对称循环载荷以及滑动摩擦条件下工作的。所以，抽油光杆必须具备耐腐蚀和耐磨性能，应保证抽油光杆与抽油杆连接可靠，且连接成的抽油杆柱具有较高的直线度。

抽油光杆与抽油杆一样，按不同的强度和使用条件分为 C 级、D 级和 K 级三个等级。

2. 抽油光杆的结构形式、规格及尺寸

抽油光杆有两种结构形式，即普通型抽油光杆和一端镦粗型抽油光杆。普通型抽油光杆的结构如图 1-18 所示，其规格和基本尺寸如表 1-9 所示。

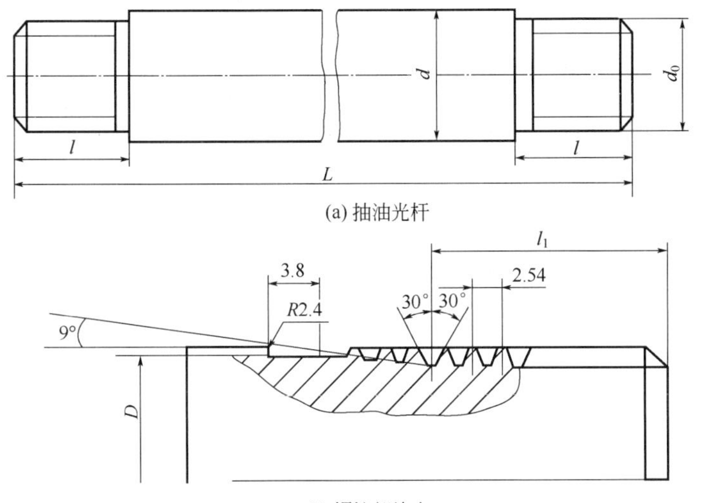

(a) 抽油光杆

(b) 螺纹部放大

(c) 游梁式抽油机抽油光杆和采油树

图 1-18　普通型抽油光杆的结构和实物图

L—抽油杆长度；d—抽油杆直径；l—接箍长度；d_0—接箍直径；D—螺纹直径；l_1—螺纹齿距

表 1-9　抽油光杆的规格和基本尺寸

<table>
<tr><th rowspan="2">抽油光杆规格代号</th><th colspan="2">抽油光杆直径 d，mm</th><th rowspan="2">螺纹公称直径 d_a，mm</th><th rowspan="2">极限偏差 $D^{0}_{-0.35}$，mm</th><th rowspan="2">极限偏差 $L^{+2.82}_{0}$，mm</th><th rowspan="2">极限偏差 $L^{+1.52}_{0}$，mm</th><th rowspan="2">极限偏差 L^{+50}_{-50}，mm</th><th rowspan="2">配件的抽油杆规格</th></tr>
<tr><th>基本尺寸</th><th>极限偏差</th></tr>
<tr><td>GG25</td><td>25</td><td>0~0. 28</td><td>23. 813</td><td>23. 78</td><td>14. 6</td><td>28. 6</td><td rowspan="2">3500
4500
6000</td><td>CYG16</td></tr>
<tr><td>GG28</td><td>28</td><td>0~0. 28</td><td>26. 988</td><td>26. 95</td><td>21. 0</td><td>34. 9</td><td>CYG19</td></tr>
<tr><td>GG32</td><td>32</td><td>0~0. 34</td><td>30. 163</td><td>30. 13</td><td>21. 0</td><td>34. 9</td><td rowspan="2">5000
6000
8000</td><td>CYG22</td></tr>
<tr><td>GG38</td><td>38</td><td>0~0. 34</td><td>34. 925</td><td>34. 80</td><td>30. 5</td><td>44. 5</td><td>CYG25</td></tr>
</table>

（二）加重杆

1. 加重杆的用途

当采用大直径抽油泵或抽稠油时，抽油泵柱塞在下冲程时将受到较大的阻力，随着泵径和原油黏度的增大，阻力增大，直至抽油杆柱的下部发生纵向弯曲，使抽油杆柱承受附加弯曲应力，引起抽油杆早期断裂。为了防止这种现象的发生，减少抽油杆柱的断脱事故，可在抽油杆柱的下部采用加重杆。

2. 加重杆的型式和基本尺寸

国内外加重杆尚未标准化，一般采用图 1-19 所示的结构型式。

加重杆的主要尺寸是由其工作条件决定的，它要有一定的质量和刚度。加重杆的基本尺寸如表 1-10 所示。

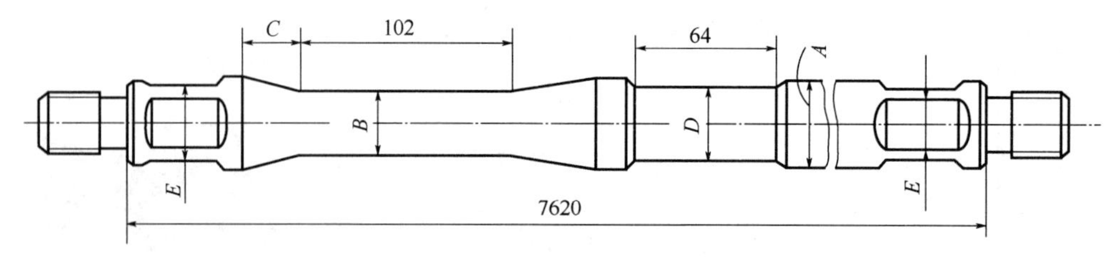

图 1-19　加重杆结构型式

表 1-10　加重杆的基本尺寸

杆体尺寸 mm	单位长度质量 kg/m	适用抽油杆 mm	抽油杆接箍 mm		尺寸，mm					油管最小尺寸 mm	
			尺寸	外径	*A*	*B*	*C*	*D*	*E*	外径	内径
ϕ35	1. 52	ϕ16	16	38	35	22	25	29	25	52	44
ϕ38	1. 83	ϕ19	19	11	38	25	25	32	32	60	51
ϕ51	3. 26	ϕ25	25	56	51	29	33	44	38	89	76

3. 加重杆的技术要求

加重杆连接在抽油杆柱的下部，除了所匹配的重量应满足要求外，还应满足以下要求：

（1）两端螺纹应按普通抽油杆的要求进行设计和制造；

（2）材料及热处理方式的选择，应考虑到与所连接的抽油杆的强度相匹配。

（三）抽油杆扶正器

1. 抽油杆扶正器的基本功能

抽油杆扶正器可使抽油杆处于油管中心，不直接与油管接触，减少抽油杆与油管之间的磨损。另外，由于抽油杆不直接与油管接触，还可以减少抽油杆的振动和弯曲，改善抽油杆的受力状况。

由于扶正器具有以上两种基本功用，因此最适用于斜井、丛式井和水平井。

2. 抽油杆扶正器的类型及用途

抽油杆扶正器按其与油管的摩擦性质可分为滚动式和滑动式两种。

1）滚动式扶正器

滚动式扶正器又分为滚轮式扶正器和滚珠式扶正器两种。

（1）滚轮式扶正器，又称滚轮接箍，除了具有普通接箍的连接作用外，在加长接箍圆周上装有滚轮，可改善油井中抽油杆与油管之间的工作条件，变滑动摩擦为滚动摩擦，减少抽油杆与油管的磨损。

（2）滚珠式扶正器用半嵌在加长接箍上的肘形座孔里的滚珠代替滚轮，起到与滚轮式扶正器相同的作用，而且滚珠滚动不受方向的影响，所以更进一步减小了杆柱与油管的摩擦力。

2）滑动式扶正器

滑动式扶正器可分为具有刮蜡作用的和不具有刮蜡作用的扶正器两种，前者称为刮蜡器，后者称为普通扶正器。

刮蜡器的结构如图 1-20 所示，它是两端带有较大圆角、中间有孔的圆柱体，其外圆直径较油管内径小，内孔比抽油杆体稍大。在外圆柱上开有数条均匀的螺旋槽作为油流通道，其中一条较宽的螺旋槽与内孔相连，作为往抽油杆上安装的人口，通道的螺旋槽上宽下窄，它所形成的油流通道总面积应在保证螺旋齿有一定强度的情况下尽量采用最大值。

普通扶正器外圆上无刮蜡片，不具备刮蜡作用，如图 1-21 所示。普通扶正器能够减少抽油杆与油管的磨损，延长其寿命。

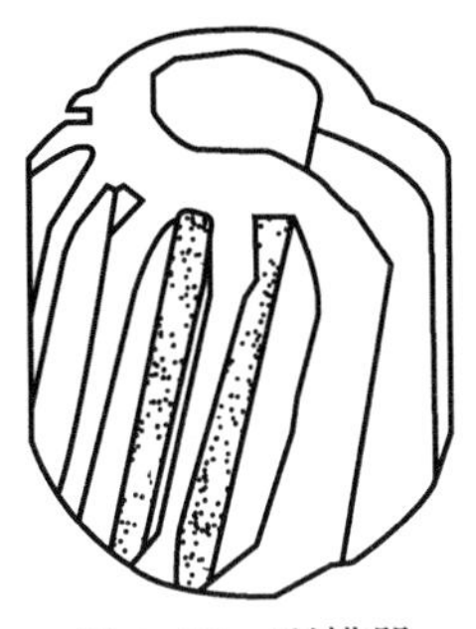

图 1-20　刮蜡器

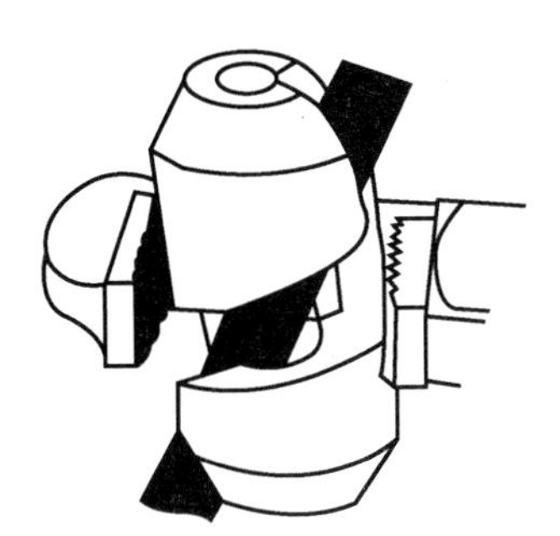

图 1-21　普通扶正器

3）滑动式扶正器的安装要求

对于要求安装刮蜡器的抽油杆，需要在抽油杆上设置一定数量的限位器，两限位器之间的距离为冲程的一半，如图 1-22 所示。当抽油机的悬点上下运动时，刮蜡器既在杆体上相对杆体做上下滑动和转动，又随着杆体相对于油管做上下滑动和转动。这样既覆盖了抽油杆杆体的全长，也覆盖了油管内壁的全长，起到清除抽油杆杆体和油管积蜡的作用。对于主要起扶正作用的刮蜡器，不需要在所有抽油杆上安装，只在斜井段和抽油杆柱的弯曲部位安装即可。

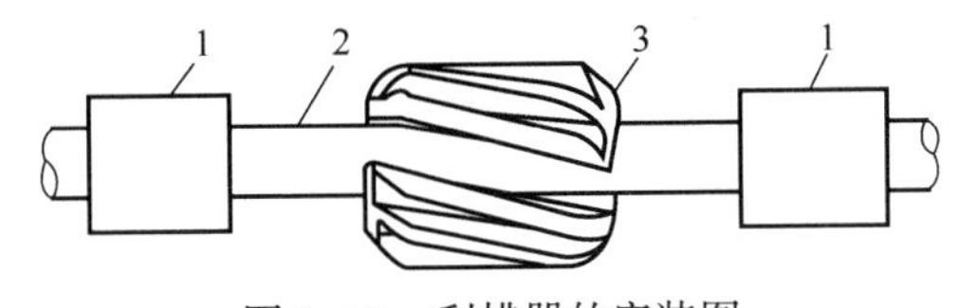

图 1-22　刮蜡器的安装图

1—限位器；2—抽油杆；3—刮蜡器

在油井中使用刮蜡器以后，抽油杆在上下冲程时的阻力增加，这将使悬点最大负荷增加，使抽油杆在下冲程时产生附加的弯曲应力，为此应采取必要的措施，一般应在抽油杆下部使用加重杆。

（四）抽油杆减振器

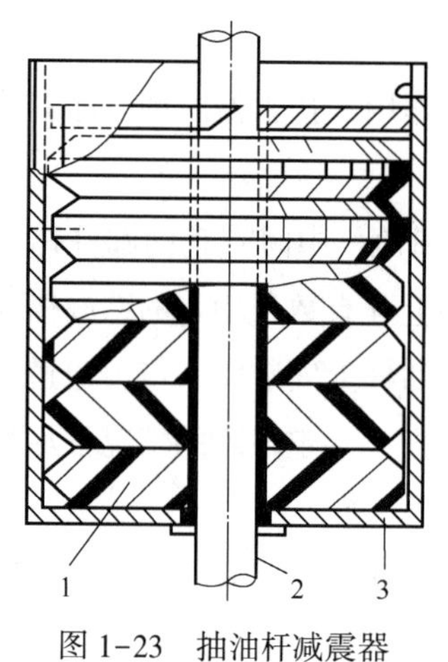

图 1-23　抽油杆减震器

1—弹性元件；2—抽油光杆；3—框架

抽油杆减振器安装在抽油光杆上，置于悬绳器和光杆卡之间，其作用是减少抽油杆柱的振动。当抽油机驴头带动抽油杆柱做上下往复运动时，载荷大小和方向的变化引起抽油杆柱产生不同程度的振动，这种振动给抽油杆柱带来附加冲击载荷，使抽油杆载荷增加并使连接螺纹松脱。

抽油杆减振器主要由弹性元件和安装弹性元件的壳体或框架组成，如图 1-23 所示。弹性元件随抽油机型号规格和油井井况的变化而有所不同，主要有橡胶的、蝶形弹簧的等。

（五）抽油杆防脱器

在抽油杆柱做上下往复运动的过程中，由于井斜、杆柱弯曲以及杆柱振动等原因，容易造成抽油杆柱受到一附加扭矩的作用，这一扭矩可能会形成对抽油杆柱连接螺纹的旋松力矩。在抽油杆柱适当位置安装防脱器后，可以将杆柱产生的旋松扭矩释放掉，从而避免了杆柱接头螺纹的松动。

目前通常使用的抽油杆防脱器结构如图 1-24 所示。从图中可以看出，短抽油杆和连接套分别与抽油杆柱的两部分连接，它们之间通过套筒和止推轴承发生转动，当抽油杆柱附加扭矩大于防脱器转动的扭矩时，短抽油杆或外壳转动，消除附加扭矩，从而起到防止抽油杆脱扣的作用。

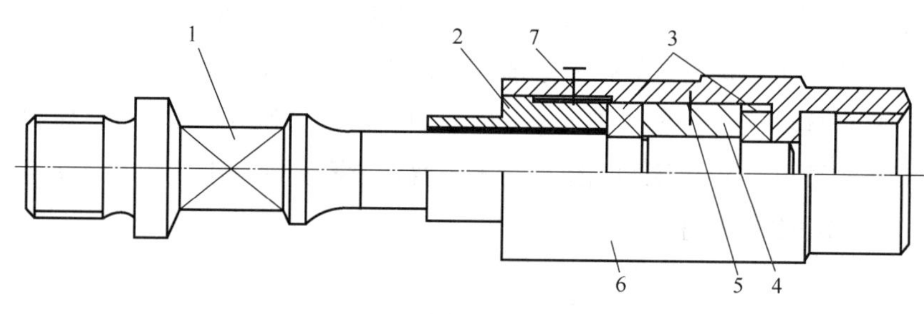

图 1-24　抽油杆防脱器

1—短抽油杆；2—定位套；3—止推轴承；4—定位隔套；

5,7—防松螺钉；6—连接套

四、特种抽油杆

随着生产的发展，普通钢质抽油杆在使用中遇到了以下问题：

（1）适应不了深井采油、大泵强采的需要。油田进入中后期，井液含水量不断上升，泵挂逐渐加深。为了提高油井产量，普通 D 级抽油杆由于强度不够，不能适应这些油井的需要。

（2）适应不了斜井和定向井开采的需要。近年来，斜直井和定向井不断增多。普通抽油杆开采这些油井时，接箍与油管的摩擦会造成接箍与油管的严重破损。由于弯曲抽油杆的工作应力增大，会使抽油杆频繁断裂。

（3）适应不了高黏油井开采的需要。原油黏度高时，抽油杆的交变载荷增大，普通抽油杆断裂频率增高。

（4）适应不了高腐蚀性油井开采的需要。油井流体中二氧化碳和氧化物等物质具有腐蚀作用，而普通抽油杆的抗腐蚀能力低，易发生破坏，适应不了高腐蚀性油井开采的需要。

（5）适应不了严重结蜡油井开采的需要。油井结蜡使抽油杆工作载荷增大，造成抽油杆断裂频繁。普通抽油杆由于强度不够，且不具备清蜡功能，适应不了这些油井的开采需要。

（一）柔性抽油杆

具有代表性的柔性抽油杆是钢丝绳抽油杆。钢丝绳抽油杆是由多根高强度钢丝制成的钢丝绳，其断面结构如图 1-25 所示。

图 1-25　钢丝绳抽油杆的断面结构

钢丝绳抽油杆具有与连续抽油杆相似的优点，但现行的井口密封装置无法采用该种抽油杆，因此需要专门的配套装置。

（二）铝合金抽油杆

铝合金抽油杆的接头采用与铝的电势相近的不锈钢，以防止电化学腐蚀。铝合金抽油杆具有以下优点：

（1）重量轻，仅为钢质抽油杆的 1/3；

（2）抗盐水、硫化氢、二氧化碳等介质的腐蚀能力是钢质抽油杆的 3~5 倍。

（三）KD 级抽油杆

KD 级抽油杆既有 D 级抽油杆的强度，又有 K 级抽油杆的耐腐蚀性能，因此 KD 级抽油杆可用于负荷较大且具有腐蚀性的油井中。

第三节　抽油泵

抽油泵的工作环境复杂，条件恶劣，因此抽油泵应结构简单、强度高、质量好，连接部分密封可靠；制造材料耐磨和抗腐蚀性好，使用寿命长；规格类型能满足油井排液量的需要，适应性强；便于起下；在结构上应考虑防砂、防气，并带有必要的辅助设备。

抽油泵分为三个发展阶段：第 1 代是衬套柱塞泵，第 2 代是整筒柱塞泵，第 3 代是自补偿泵。近年来，美国 API 有杆抽油泵的规范中已淘汰了衬套柱塞泵。

为了适应采油工艺的需要，除了标准抽油泵（管式泵和杆式泵）外，人们先后开发出多种特殊类型的抽油泵，如适用于大排液量的双作用泵；适用于高气油比的两级压缩抽油泵和机械启闭阀抽油泵等防气泵；适用于抽稠油的流线型抽油泵和液压反馈泵；适用于出砂井的自润滑式防砂泵、伸缩式三管防砂泵和防砂卡泵等防砂泵；适用于斜井抽油的斜井抽油泵；适用于过泵测试或加热的空心泵；为减少沉没度的有杆射流增压泵等。

为了延长抽油泵适用寿命，在改进抽油泵零部件方面，主要采取提高泵筒柱塞副耐久性和阀组的可靠性的路线。泵筒采用了多种原材料和如处理工艺，除渗氮外，发展了碳氮共渗以及镀硬铬工艺。柱塞除镀硬铬工艺外，还发展了喷焊镍基合金和喷涂陶瓷等工艺。值得注意的是，为了提高泵筒—柱塞副的耐久性，要根据油井的特点合理匹配泵筒和柱塞的材料，如在高矿化度介质中泵筒采用镀硬铬工艺较好，而柱塞也采用镀硬铬效果并不理想。为了提高阀组可靠性和抗腐蚀性，常用高碳铬不锈钢等材料替代一般的不锈钢。[6]

一、抽油泵的类型、结构及原理

（一）抽油泵的类型

抽油泵分为管式抽油泵和杆式抽油泵两大类。管式抽油泵有组合式和整体式之分。相对于组合泵，整体泵则有泵效高、冲程长、装卸方便等优点，整体式抽油泵将逐渐取代组合式抽油泵。杆式抽油泵整体随抽油杆下到油管内的预定位置固定并密封，故又称为“插入式”泵。杆式抽油泵按支承总成类型可分为机械支承和皮碗支承，按支承位置可分为定筒式顶部固定、定筒式底部固定和动筒式底部固定三种。

抽油泵从用途上可分为常规泵和特种泵两类。

抽油泵的工作环境复杂，条件恶劣，因此抽油泵应满足以下要求：结构简单，强度高，连接部分密封可靠；制造材料耐磨，抗腐蚀性好，使用寿命长。[7]

（二）常规抽油泵的结构及原理

1. 常规抽油泵的结构

抽油泵是将机械能转化为流体压能的设备，主要由泵筒、柱塞、吸入阀和排出阀四部分组成（视频 1-6）。管式抽油泵的泵筒连接在油管的下端，而柱塞则随抽油杆下入泵筒内。其特点是把外筒、衬套和吸入阀在地面组装好并接在油管下部先下入井中，然后把装有排出阀的柱塞用抽油杆柱通过油管下入泵中。抽油泵由泵筒总成、柱塞总成、吸入阀总成、吸入阀固定装置及吸入阀打捞装置组成。

视频 1-6
泵的结构

管式抽油泵的特点是：结构简单，成本低，泵筒壁厚较厚，承载能力大，在相同油管直径下入的泵径较杆式泵大，因而排量大，在我国的各大油田得到了广泛应用。但泵检时必须起出管柱，修井工作量大，作业费用高，故适用于下泵深度不大、产量较高的井，

杆式抽油泵有内外两个工作筒，外工作筒上端装有锥体座及卡簧，下泵时把外工作筒油管先下入井中，然后把装有衬套、柱塞的内工作筒接在抽油杆下端下入外工作筒并由卡簧固定。泵检时不需要起出油管，而是通过抽油杆柱把内工作筒拔出。

杆式抽油泵的特点是：检泵方便，但结构复杂，制造成本高，在相同油管直径下允许下入的泵径比管式泵小。杆式泵适用于下泵深度大、产量较小的油井。

2. 常规抽油泵的工作原理

在抽油泵的工作过程中，具体抽汲过程为：在上冲程，抽油杆柱带着活塞向上运动，如图 1-26(a) 所示，活塞上的排出阀受阀球自重和管内工作压力作用而关闭。泵内由于容积增大而压力降低，吸入阀在沉没压力作用下打开，原油进泵，在井口排出液体。

下冲程中，抽油杆柱带动活塞向下运动，如图 1-26(b) 所示，吸入阀关闭，泵内压力升高到高于活塞上方压力时，排出阀被顶开，泵中液体排到活塞上方的油管中，同时由于光杆进入井筒，在井口挤出相当于光杆体积的液体。

光杆从上死点到下死点的距离称为光杆冲程长度，简称光杆冲程。曲柄转一周，悬点完成一个完整冲程，活塞上下抽汲一次，称为一个冲次。每分钟的冲次数称为冲数。抽油机深井泵井下工作原理见视频 1-7。

视频 1-7 抽油机深井泵井下工作原理

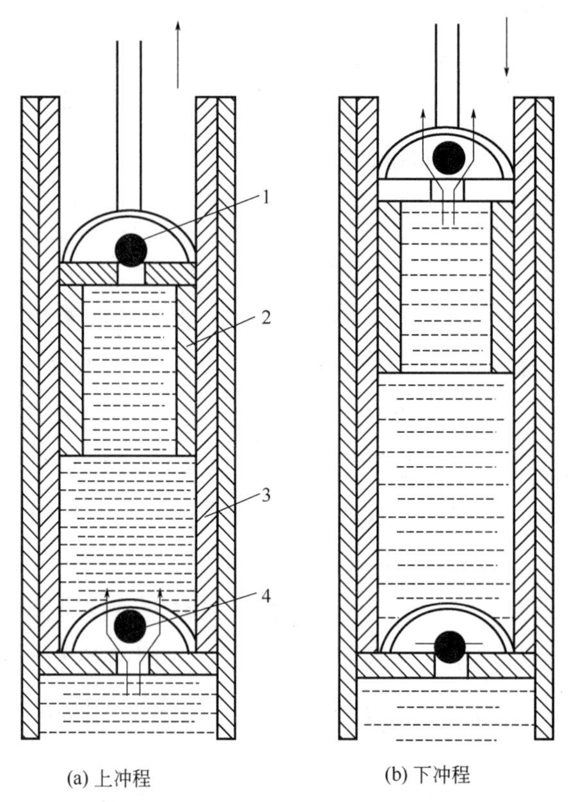

图 1-26　泵的工作原理图

1—排出阀；2—活塞；3—衬套；4—吸入阀

（三）特种抽油泵的结构及原理

为适应各类油井复杂开采条件，对抽油泵提出了特殊的要求。特种抽油泵是为解决这些要求而设计的。特种抽油泵包括抽稠油泵、防砂抽油泵、防气抽油泵和防偏磨抽油泵。

1. 抽稠油泵

常规抽油泵无法正常开采稠油的主要原因：一是常规泵进油通道太小，使得泵充满程度差，泵效低；二是由于油稠、黏滞力强、产生阻力大，下冲程中杆柱下行困难。为解决这些问题，技术人员开发了多种结构的抽稠油泵。

1）液力反馈抽稠油泵

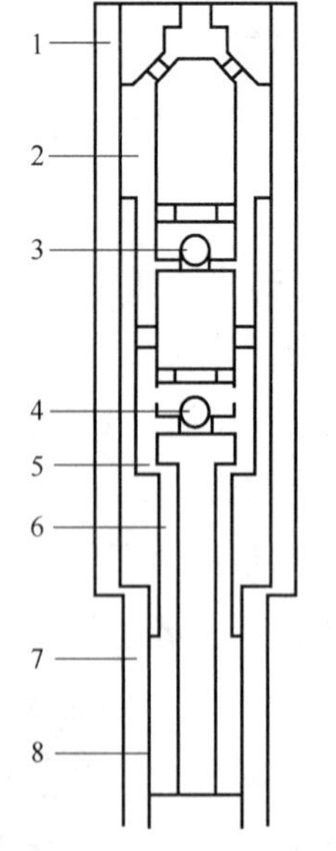

图 1-27　液力反馈抽稠油泵

1—上泵筒；2—上柱塞；3—出油阀；4—进油阀；5—环形腔；6—中心管；7—下泵筒；8—下柱塞

液力反馈抽稠油泵由两个不同泵径的抽油泵串联而成，其结构如图 1-27 所示，主要由上泵筒、上柱塞、下泵筒、下柱塞、中心管、进油阀、出油阀、抽油杆接头及泵筒接头等组成。中心管连接上下柱塞，泵筒接头连接上下泵筒，进、出油阀均装在柱塞中。

其工作原理是：下冲程时，上柱塞与上泵筒的环形腔体积减小，形成高压环形腔，高压环形腔中的原油顶开出油阀，进入油管，油管内液柱的压力通过进油阀施加在柱塞上，形成液力反馈力，帮助抽油杆下行。上冲程时，柱塞上行，环形腔增大，压力减小，进油阀打开，出油阀在油管内液柱压力作用下关闭，井下原油又流入环形腔。上柱塞和上下冲程，始终与上泵筒接触。在抽汲和停抽过程中，颗粒大的砂子可沿着泵筒与外管形成的环空下落到底部的密封装置与尾管形成的环空口袋中，有效避免柱塞的砂卡和砂埋。

2）环流抽稠油泵

环流抽稠油泵适用于7in（177.8mm）以上套管的稠油井，可在原油黏度小于4000mPa·s的稠油井中正常工作，结构如图1-28所示。环流抽稠油泵可在井下补装泄油器，实现不动油管柱、只需提出柱塞总成，就可以进行井下测试和对油层实施蒸汽吞吐工艺的目的。

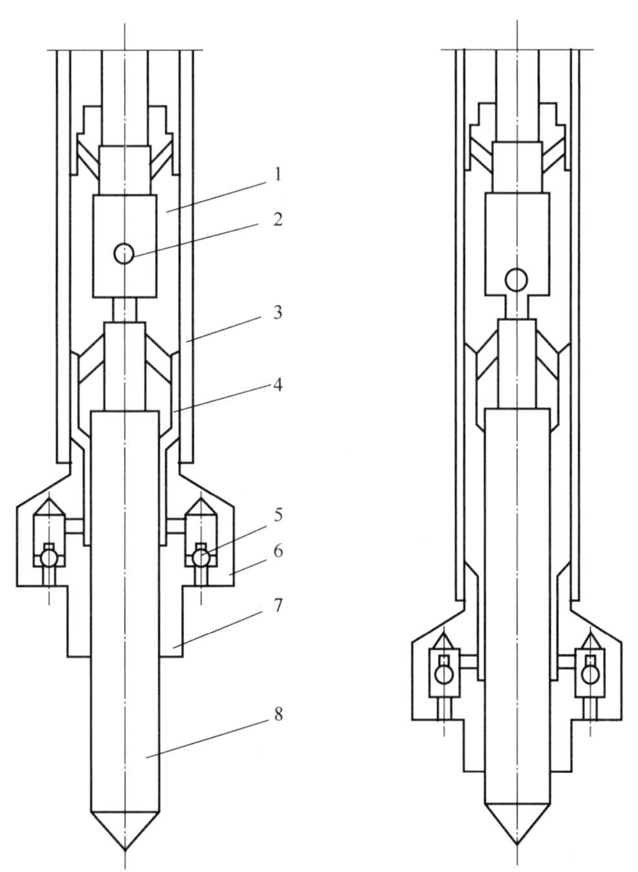

图1-28　环流抽稠油泵

1—上柱塞；2—出油阀；3—上泵筒；4—环流阀；5—环形腔；6—环形阀罩；7—下泵筒；8—下实体加重柱塞

环流抽稠油泵由两台不同泵径的抽油泵串联，用连杆将上柱塞和下实体加重柱塞连为一体。该泵的环流阀装在上泵筒下部环形阀罩中。当下冲程时，上柱塞下行，上柱塞与上泵筒的环形腔体积减小，压力增大，环形阀罩的环形阀关闭，上柱塞出油阀打开，环形腔的原油通过上柱塞出油阀，再通过上柱塞内孔排至油管中，油管内的液柱压力施加在下实体加重柱塞上，强迫柱塞克服阻力下行。柱塞上行时，环形腔增大，压力减小，环形阀罩里的环形阀打开，原油进入环形腔，出油阀在油管中液柱压力作用下关闭。

环流抽稠油泵的设计特点是：增加了环流阀总成，增大了流道面积，缩短了井下原油进入环形腔的路程，减小了流体阻力，既保留了液力反馈泵的优点，又提高了泵的充满系数。

3）封闭式负压抽油泵

封闭式负压抽油泵主要适合原油黏度 5000mPa·s 以下的稠油井。封闭式负压抽油泵由泵筒、加长管、柱塞及上下接头组成，如图 1-29 所示。泵筒上设有进液孔，工作时柱塞在泵筒与加长管之间往复运动。与普通抽油泵相比，主要区别是该泵没有吸入阀。该泵柱塞上行时，将柱塞上部的液体排到地面，由于稠油黏度高，泵内液面与活塞上行不同步，在柱塞的下部形成一个负压区，负压区达到一定的负压后，柱塞让开进液孔，泵筒上的进液孔打开，产出液进入负压区，泵筒内充满液体；柱塞下行时，柱塞堵塞进液孔，进液孔关闭，排出阀打开，柱塞行至下死点时，泵筒内的液体全部进入柱塞上部空间。

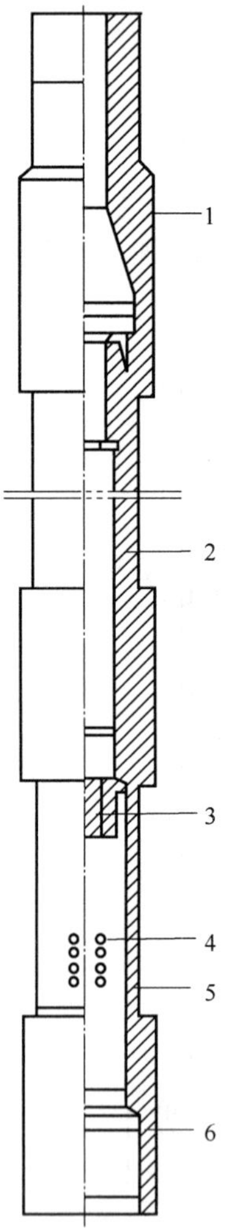

图 1-29　封闭式负压抽油泵结构示意图

1—下接头；2—加长管；3—柱塞；4—进液孔；5—泵筒；6—上接头

封闭式负压抽油泵具有以下几个性能特点：（1）抽油泵没有吸入阀，因此不存在吸入阀漏失问题。（2）泵的进液孔过流面积较大，稠油入泵比较容易。（3）具有防砂卡、防气锁功能。（4）可不动管柱正反洗井。

4）VS-R 抽稠油泵

VS-R 抽稠油泵依靠机械力作用迫使锥形阀开启。VS-R 抽稠油泵泵筒总成与常规泵相同，而柱塞总成则有较大区别，用穿过柱塞内孔的拉杆将连接器和柱塞组装成一个整体，其结构如图 1-30 所示。这种泵的特点是依靠机械力的作用迫使锥形阀关闭，解决了抽稠油时阀球不能及时动作、与阀座不能形成可靠的密封和球在阀罩中阻碍稠油流动的问题，并较好地解决了热采时蒸汽锁和气锁一系列问题。由于锥形阀是倒装的，连接器与柱塞头的具备刮砂作用，使得这种泵在含砂较多的稠油井中能正常使用。

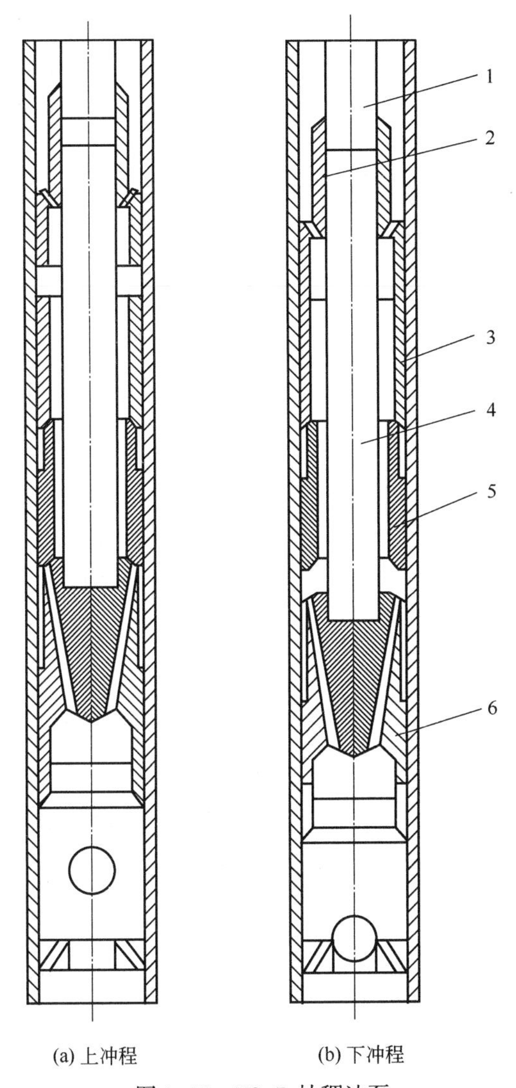

(a) 上冲程　　(b) 下冲程

图 1-30　VS-R 抽稠油泵

1—抽油杆；2—连接器；3—柱塞；4—拉杆；5—阀座；6—柱塞头

其工作原理是：上冲程时，受抽油杆向上拉力的作用，锥形阀关闭并带动柱塞上行，吸入阀打开，原油进入下部泵筒，柱塞上部的原油经过油管排到地面。下冲程开始时，由于泵筒对柱塞的摩擦力和间隙的存在，柱塞与泵筒相对静止。由于抽油杆向下推力的作用，锥形阀打开。随连接器下移，间隙消除，柱塞被推动下行，吸入阀关闭，原油通过柱塞头、阀座、柱塞、连接器的流道进入油管。

5）注采杆式抽稠油泵

注采杆式抽稠油泵能够实现稠油热采注采一体化。注采杆式抽稠油泵主要由密封活塞、密封泵筒、工作活塞、工作泵筒、排出阀总成、吸入阀总成及锚定总成等组成。

注采杆式抽稠油泵工作活塞上行时，吸入阀打开，排出阀关闭，完成吸油过程；工作活塞下行时，吸入阀关闭，排出阀打开，完成排油过程。

注蒸汽时，将抽油杆柱上提，抽油杆柱带动拉杆、工作活塞、密封活塞、工作泵筒、吸入阀总成、锚定总成等部件一起上行，锚定部分脱开，形成注气通道，从井口注入的蒸汽通过通道进入地层；注完蒸汽后，焖井自喷，下放抽油杆柱至碰泵位置，调好防冲距进行抽油。在注蒸汽与转轴过程中不需要起出抽油杆柱和油管，实现了注采一体化，可避免修井过程中油层的能量损失。

注采杆式抽稠油泵具有以下优点：(1) 作业不起油管，减少了地面污染；(2) 吸入流道短、流道面积大，减少了原油的吸入阻力，提高了排液量和泵效；(3) 采用活塞、泵筒式的间隙密封，密封可靠；(4) 泵的锚定装置采用弹簧爪结构，克服了常规杆式抽油泵工作时泵筒易拉出泵座的缺点。

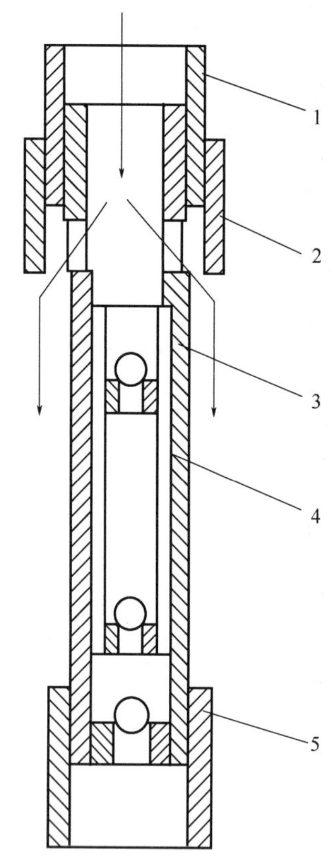

图 1-31　多功能长柱塞抽稠油泵

1—上接箍；2—注汽导罩；3—泵筒；4—柱塞；5—下接箍

6）多功能长柱塞抽稠油泵

多功能长柱塞抽稠油泵是在传统长柱塞抽油泵的基础上改进设计而来的，主要用于稠油注汽开采，不动管柱即可实现注汽、抽油、冲砂。

多功能长柱塞抽稠油泵的结构如图 1-31 所示，图中箭头表示注入蒸汽的流向，安装有引导注入蒸汽的注汽导罩，可减轻高温、高压的蒸汽对套管的伤害，提高管柱的可靠性。

传统长柱塞抽油泵由于泵筒和柱塞的分体结构，难以保证上下两段同心的要求，同时注汽接箍位于泵筒的中间位置，致使泵在工作中余隙容积过大，泵效降低。改进后的长柱塞抽稠油泵泵筒用整体结构取代了传统的分体结构，解决了传统长柱塞泵泵筒不同心的问题，在柱塞上开有注汽孔，取代了传统的注汽接箍。

7）大斜度抽稠油泵

大斜度抽稠油泵的关键技术在于启闭阀的设计和扶正器位置的确定。其启闭阀结构如图 1-32 所示。该泵具有以下特点：(1) 阀球受扶正杆控制，阀的启闭运动被约束在泵轴心线上、不受井身轨迹的影响，克服了球阀在大斜度井段的非直线滚动运动所造成的启闭滞后；(2) 在启闭阀上安装了强闭弹簧，在柱塞换向时，可依靠弹簧力作用迫使排出阀关闭，吸入阀复位；(3) 配置了抽油杆扶正器附加系统，避免了抽油杆偏磨，保证了泵在大斜度井段的正常抽汲。大斜度抽稠油泵适用于水平井。

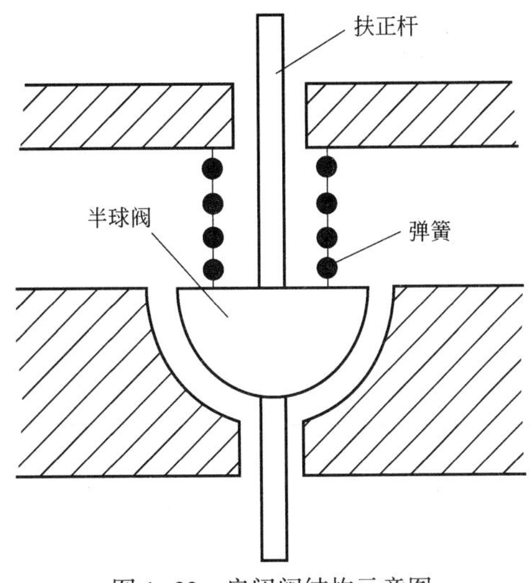

图 1-32　启闭阀结构示意图

2. 防砂抽油泵

在对出砂油藏进行开采时，往往出现砂磨甚至砂卡现象。当砂粒较少时，柱塞将砂粒挤碎并继续上行，但会使柱塞在泵筒受到严重刮伤和磨损。当砂粒较多时，柱塞上行力不足以克服砂粒对它的摩擦力，柱塞被锁在泵筒里，会造成砂卡、甚至砂埋等事故，影响油井的正常生产。

防砂抽油泵的种类较多，其防砂原理也各有差异。

1）长柱塞防砂抽油泵

长柱塞防砂抽油泵主要由外筒、内筒、长柱塞、短泵筒、双通接头、进油阀、出油阀等零部件组成，其结构如图 1-33 所示。长柱塞防砂抽油泵的抽汲原理与常规泵相同，适用于含砂量不大于 0.8%的油井。

柱塞上行时，出油阀与进油阀之间空间变大，压力降低，井液在沉没压力的作用下经双通接头的侧向进油孔顶开进油阀进入泵腔，柱塞上部的液体同时被举升一个冲程的高度。柱塞下行时，进油阀关闭，出油阀被顶开，进入泵腔的液体经过柱塞并到达柱塞上部，完成一个循环。泵筒与外筒之间的环形空间是沉砂进入尾管的通道。沉砂尾管最下端的丝堵防止尾管中的液体及沉砂反流入井内。

长柱塞防砂抽油泵具有以下性能特点：（1）柱塞长、泵筒短，在整个抽汲过程中柱塞上端始终处在泵筒之外，油井停抽时下沉的砂粒沿沉砂环空沉入泵下尾管中而不会在泵上聚积造成埋砂；（2）在长柱塞上部始终处于泵筒之外，长柱塞短泵筒结构无楔形间隙，砂粒会沿环空通道沉入泵下尾管中，因此无法形成自锁，不会造成砂卡；（3）砂粒不会进入密封间隙，因此砂粒对泵筒及柱塞的磨损将显著减轻。

2）串联长柱塞防砂抽油泵

串联长柱塞防砂抽油泵是由长柱塞防砂抽油泵改进而来。其工作原理如图 1-34 所示。下冲程时，环形腔的体积逐渐变小，内部压力逐渐升高，上阀球和阀座打开，下阀球和阀座关闭，环形腔内井液进入柱塞上方；上冲程时，环形腔的体积逐渐变大，内部造成真空度，从而使上阀球、上阀座关闭，下阀球、上阀座打开，井液进入环形腔。

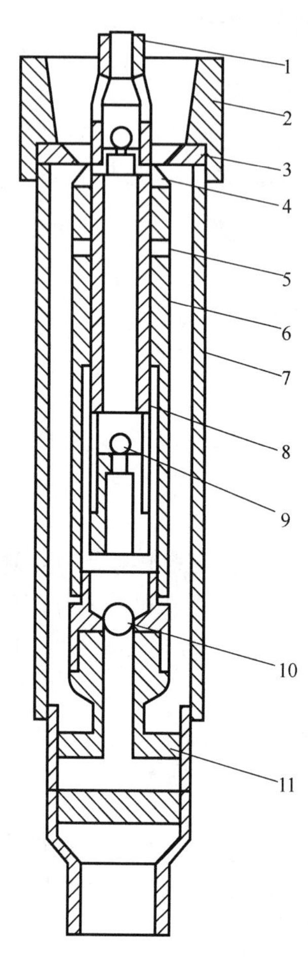

图 1-33　长柱塞防砂抽油泵

1—抽油杆接头；2—上接头；3—导向环；4—挡砂圈；5—水力连通孔；6—泵筒；7—外筒；8—柱塞；9—出油阀；10—进油阀；11—双通接头

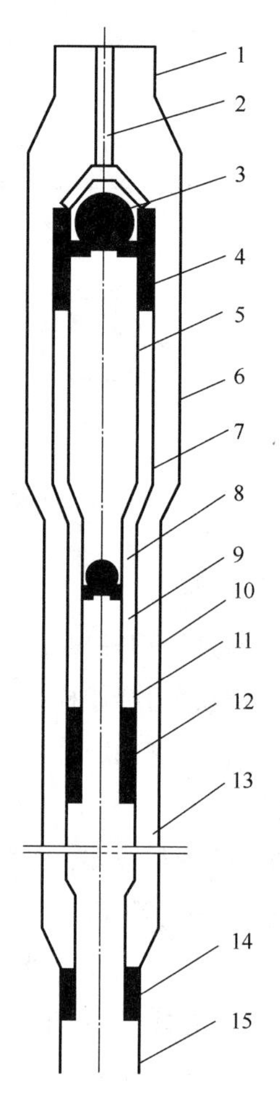

图 1-34　串联长柱塞防砂抽油泵

1—油管；2—抽油杆；3—上阀球；4—短泵筒；5—长柱塞；6—上外筒；7—上连接杆；8—下阀球；9—环形腔；10—下外筒；11—长泵筒；12—短柱塞；13—沉砂筒；14—底部软密封；15—尾管

串联长柱塞防砂抽油泵为尾管进油，更易于连接气锚、砂锚等井下工具，但是成品尺寸长、作业复杂，沉砂部分要进行双管作业。

3）动筒式防砂抽油泵

动筒式防砂抽油泵的特点是柱塞固定，泵筒做上下往复运动。动筒式防砂抽油泵的结构如图 1-35 所示，主要由泵筒、柱塞、排出阀、吸入阀、刮砂环以及泵外防砂筛管组成。柱塞上设计了刮砂环，在进油通道（即防砂泵）的外部增加了泵外防砂筛管。

该类泵可适用于含砂量不大于1.3%的油井。其工作原理是：上冲程时，抽油杆带动泵筒向上运动，排出阀关闭，承受油管柱内液柱载荷，泵腔体积增大，压力减小，吸入阀打开，井下油液进入泵腔。下冲程时，抽油杆带动泵筒向下运动，泵腔内油液排到泵上油管中。停抽时，油管柱直接与沉砂筒相连，泵筒上部油管柱内的浮砂自行下沉，通过沉砂筒沉入下部尾管。

4）耐磨抽油泵

耐磨抽油泵采用长柱塞设计，其结构如图1-36所示。耐磨抽油泵的工作原理是：上冲程时，吸入阀在其上下压差作用下打开，井液在沉没度压力下进入泵腔完成抽油过程；下冲程时，吸入阀关闭，排出阀打开，井液进入泵上油管。

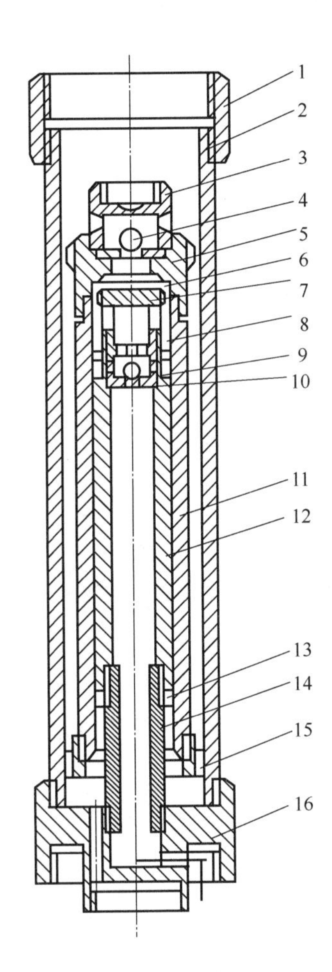

图1-35 动筒式防砂抽油泵结构图

1—接头；2—外管；3—出油接头；4—排出阀；5—排出阀座；
6,15—扶正器；7—保护接头；8,13—刮砂环；
9—吸入阀；10—吸入阀座；11—泵筒；12—柱塞；
14—连接管；16—交叉流道

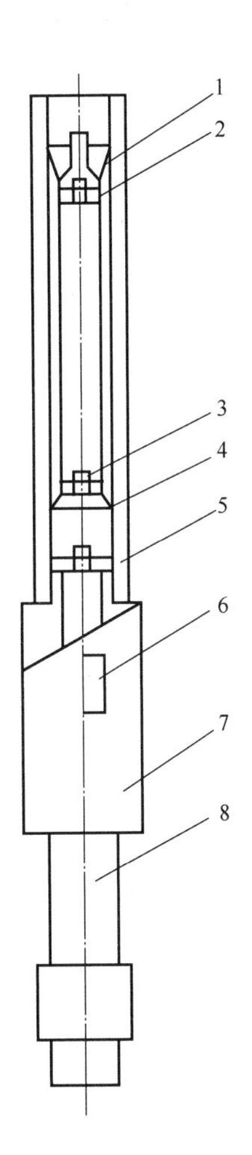

图1-36 耐磨抽油泵

1—上刮砂杯；2—上排出阀；3—下排出阀；
4—下刮砂杯；5—吸入阀；6—进液孔；
7—除砂功能接头；8—沉砂尾管

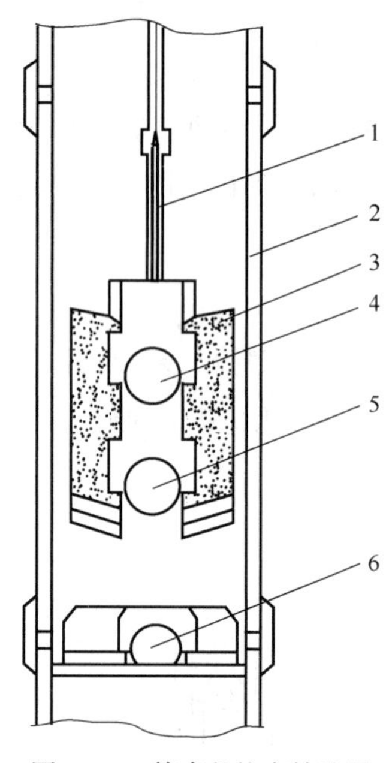

图 1-37 等直径柱塞抽油泵

1—抽油杆；2—泵筒；3—刮砂倒角；
4—上排出阀；5—下排出阀；6—吸入阀

5）等径柱塞抽油泵

等径柱塞抽油泵适用于含砂量为1%左右的中低含砂油藏，采用等径刮砂柱塞结构，能有效防止砂卡柱塞、减缓柱塞与泵筒间的磨损。等径柱塞抽油泵结构如图 1-37 所示，其主要性能特点为：

（1）防砂卡、防磨砂，上冲程时，柱塞可有效地将泵筒内壁附近的砂粒刮落于柱塞排液口处，消除普通抽油泵存在的柱塞与泵筒之间由于砂粒的压实作用而形成的硬性挤压摩擦；

（2）具有自冲洗特性，下冲程时，不仅具有下刮砂作用，而且随柱塞下行，排出的井液能将积存与柱塞排液附近的少量砂粒冲刷干净，起到自动冲洗防砂卡的作用。

3. 防气抽油泵

常规抽油泵在气油比较大的油井中，油液充满程度差，泵效低，当气体影响严重时，常发生“气锁”，使抽油泵无法正常工作。所谓气锁，是指在抽汲时由于气体在泵内压缩和膨胀，吸入和排出阀无法打开，出现抽不出液的现象。在这种油井中抽油，常发生“液面冲击”，加速抽油杆柱、阀杆、阀罩、油管等井下设备损坏。

为解决这一问题，前人设计了机械启闭阀抽油泵等多种防气抽油泵，采用机械力强行开关吸入和排出阀，可有效防止气锁现象的发生。

4. 防偏磨抽油泵

1）抽油泵柱塞自旋器

柱塞自旋器装置安装在柱塞上面，能够带动柱塞做旋转运动，使柱塞在每一冲程中随机转动，不断地改变柱塞与泵筒的接触面，可避免由于柱塞与泵筒之间的接触位置在圆周方向上不变而总在某一处磨损的情况。

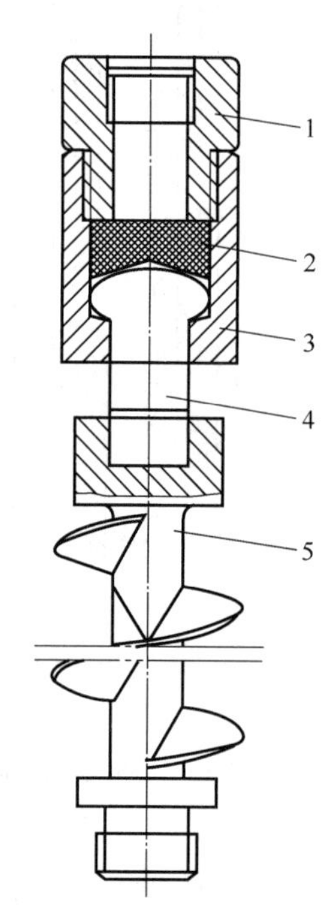

图 1-38 柱塞自旋器结构示意图

1—上接头；2—磨块；3—承力筒；
4—连接杆；5—螺旋转子

柱塞自旋器结构如图 1-38 所示。上部通过上接头与抽油杆柱相连，下部螺旋转子与柱塞刚性连接，连接杆可以相对承力筒转动。工作时，上部抽油杆柱只做上下往复运动，而下部的螺旋转子靠连接杆与抽油杆柱进行相对运动。下冲程时，吸入阀关闭，排出阀开启，泵筒内的液体沿螺旋转子做螺旋上升运动，同时液体会对螺旋转子产生作用力。此作用力可以分解成沿圆周切线方向的冲击力，当该冲击力克服了转动柱塞所需的摩擦阻力时，螺旋转子便带动柱塞做旋转运动。上冲程时，抽油杆柱与油管中液体之间无相对运动，液体不会对螺旋转子产生作用，此时柱塞不转动。这样就避免了柱塞总在某一处磨损，从而解决了柱塞偏磨问题，达到提高抽油泵寿命的目的。

在抽油杆柱、柱塞自旋器、柱塞组成的旋转系统中，存在两个方向的力矩：一个是液体推动螺旋转子转动的动力矩，另一个是螺旋转子转动所需克服的阻力矩。当动力矩大于阻力矩时，自旋器旋转，反之不旋转。

（1）动力矩。

油管内流体对螺旋转子产生的动力矩为

$$M_{\mathrm{r}}=\frac{\pi^2 n^2 S^2 L}{43200D\tan^2\beta}(D^3-d^3) \tag{1-2}$$

式中 n——冲次，min^{-1}；

S——冲程，m；

L——螺旋转子长度，m；

D——螺旋转子外径，m；

d——螺旋转子内径，m；

β——螺旋叶片螺旋倾角，（°）。

（2）阻力矩。

阻力矩包括柱塞与泵筒的摩擦力矩和液体与螺旋转子之间的摩擦力矩。

柱塞与泵筒的摩擦力矩为

$$M_1=\frac{\pi}{80}\frac{f\,t}{1-t}\frac{1}{\sqrt{1-(1-t)^2}}hd_{\mathrm{i}}^2\Delta p \tag{1-3}$$

其中

$$t=\frac{\Delta\delta}{\delta_{\mathrm{m}}},\quad \delta_{\mathrm{m}}=\frac{\delta_1+\delta_2}{2},\quad \Delta\delta=\frac{\delta_2-\delta_1}{2} \tag{1-4}$$

式中 Δp——柱塞上下端压差，Pa；

f——柱塞与泵筒的摩擦因数，取 $f=0.15$；

h——柱塞长度，m；

d_{i}——泵筒内径，m；

δ_1，δ_2——柱塞与泵筒半径上的最小、最大间隙，m。

液体与螺旋转子之间的摩擦力矩为

$$M_2=L\int_0^{2\pi}r_1\tau_{\mathrm{r}1}\theta\mathrm{d}\theta=\frac{8\pi^2\mu Lnr_1^2r_2^2}{15(r_2^2-r_1^2)} \tag{1-5}$$

式中 L——螺旋转子长度，m；

μ——井液平均黏度，Pa·s；

τ_{r1}——液体与螺旋转子之间的黏性切应力，N/m^2；

r_1——螺旋转子外半径，m；

r_2——油管内半径，m。

根据式(1-3)、式(1-4) 和式(1-5) 得阻力矩为

$$M_X = M_1 + M_2 \tag{1-6}$$

当 $M_r \geqslant KM_2$（其中 K 为未知因素影响系数，$K>1$）时，螺旋转子就能产生旋转运动，柱塞自旋器能够有效地工作。

2）偏阀式防磨抽油泵

偏阀式防磨抽油泵安装有偏心的吸入阀，导向柱塞穿过吸入阀和下部导向筒到达泵下，导向柱塞下端连接若干加重杆。排出阀球和阀座安装在柱塞上端的排出阀罩中，组成排出阀。吸入阀球和阀座安装在吸入阀体中，组成吸入阀。每台泵有两个与轴心对称的偏置吸入阀。导向柱塞穿过与吸入阀及下接头相连接的下部导向筒，将加重杆和柱塞连接在一起。

上冲程时，柱塞下面的下泵腔容积增大，压力减小，吸入阀在上下压差的作用下打开，原油经过筛管、吸入阀进入下泵腔。同时，排出阀在上下压差的作用下关闭，柱塞上面的上泵腔中的原油沿油管排到地面。下冲程时，柱塞压缩排出阀与吸入阀之间的原油，吸入阀关闭、排出阀打开，下泵腔中的原油进入上泵腔。如此往复将原油抽汲到地面。

二、抽油泵的选用、储运与维修

（一）抽油泵的选用

可以根据油井类型、生产能力、流体特性、井身结构和泵适应能力选泵，见表 1-11 和表 1-12。[8]

表 1-11 各种泵型适应能力

序号	项目	杆式泵			管式泵
		定筒泵		动筒泵	
		顶部固定	底部固定		
1	排量	较小	较小	较小	大
2	起下泵时是否起油管	不	不	不	起
3	制造成本	较高	较高	较高	低
4	柱塞防漏能力	较差	较差	较好	好
5	斜井	好	好	较差	一般
6	深抽能力	较差	好	较差	较好

续表

序号	项目	杆式泵			管式泵
		定筒泵		动筒泵	
		顶部固定	底部固定		
7	冲程长度	长	长	较短	长
8	泵检周期	较长	较短	较长	长
9	流动适应性	好	好	较差	较好
10	井液黏度，MPa · s	400 左右	400 左右	400 以下	400 左右
11	气体压缩比	较大	较大	较小	较小
12	油井液面高低	低	较低	较高	较高
13	抗含砂	较好	较差	好	较好
14	间歇抽油	较好	较差	较差	较好
15	抗腐蚀	一般	一般	一般	较好
16	光杆负荷	较小	较小	较小	较大
17	适应恶劣条件能力	一般	较差	一般	较好
18	大液量	较差	较差	较差	较好

表 1-12　常规抽油泵泵型选择表

项目	杆式泵			管式泵	杆式泵			管式泵	杆式泵			管式泵	杆式泵			管式泵
	定筒式		动筒式		定筒式		动筒式		定筒式		动筒式		定筒式		动筒式	
	顶部固定	底部固定			顶部固定	底部固定			顶部固定	底部固定			顶部固定	底部固定		
	下泵深度 小于 900m				下泵深度 900～1500m				下泵深度 1500～2100m				下泵深度 大于 2100m			
斜井	1	3	4	1	1	3	4	1	1	3	4	1	3	1	4	2
高液量	4	4	4	1	4	4	4	1	4	4	4	1	4	4	4	2
低液面	1	4	4	4	1	2	4	4	1	2	4	4	4	1	4	4
直井	1	2	2	2	1	1	3	1	2	1	1	1	3	1	3	2
中含砂	1	4	3	3	1	4	3	3	1	4	2	2	4	1	4	3
高含砂	1	4	3	3	1	4	3	3	1	4	3	2	4	1	4	3
高含盐	1	3	1	2	1	3	1	1	1	1	1	1	3	1	3	2
硫化氢	3	2	2	2	3	1	2	1	4	2	1	1	3	1	3	2
CO_2	2	2	2	2	2	1	1	1	3	1	1	1	3	1	3	2
中含砂和中腐蚀	1	3	3	3	1	2	2	2	2	1	1	2	3	1	4	3
高含砂和高腐蚀	1	4	3	4	1	4	3	2	2	1	1	2	3	1	4	3
黏度 mPa · s 400 以下	1	1	1	1	1	1	1	1	1	1	1	1	1	1	1	1
黏度 mPa · s 400 以上	1	1	3	1	1	1	3	1	1	1	4	2	1	4	4	3

（二）柱塞与泵筒的间隙选择

1. 间隙等级与间隙号码

在标准 SY/T 5059—2000《组合泵筒管式抽油泵》中，金属柱塞和组合泵筒管式抽油泵衬套的配合间隙分为三种，配合间隙应符合表 1-13 的要求。衬套和相应柱塞直径尺寸应见表 1-14。

表 1-13 金属柱塞和组合泵筒管式抽油泵衬套的配合间隙

间隙代号	间隙范围，mm
1	0. 02～0. 07
2	0. 07～0. 12
3	0. 12～0. 17

注：按间隙代号称呼泵时，应称作某号间隙泵。

表 1-14 衬套和相应柱塞直径尺寸

衬套内径，mm	金属柱塞直径，mm		
	d	$d^{+0.05}$	$d^{+0.10}$
	间隙代号		
D	1	—	—
$D^{+0.05}$	2	1	—
$D^{+0.10}$	3	2	1

2. 泵的间隙漏失

1）泵筒定间隙漏失的计算方法

由于井眼轨迹不是垂直的，柱塞与泵筒不可能同心，前人研究了多种计算泵筒变间隙漏失量的方法，主要考虑了抽油泵长期使用后的磨损影响，但误差较大，现场使用意义小，只能作为理论分析的参考。

泵筒定间隙漏失量的计算公式为

$$q=\pi D\left[\left(1+\frac{2}{3}\varepsilon^2\right)\frac{\delta^3\Delta p}{12\mu l}-\frac{U}{2}\delta\right] \tag{1-7}$$

其中

$$\varepsilon=e/\delta$$

式中 q——间隙漏失量，m^3/s；

D——泵径，m；

ε——相对偏心距；

e——偏心距，m；

δ——单面间隙，m；

μ——动力黏度，Pa·s；

l——柱塞长度，m；

Δp——柱塞上、下压差，Pa；

U——柱塞最大速度，m/s。

假设柱塞与泵筒同心且静止不动时，式(1-7) 可简化为式(1-8)：

$$q=\frac{\pi D\delta^3}{12\mu l}\Delta p \tag{1-8}$$

2）抽油泵间隙漏失的实测方法

泵的间隙漏失也可以用实测吸入阀载荷和排出阀载荷，求出综合漏失量（包括间隙漏失和阀漏失）。在测示功图时，当抽油机在上行程排出阀关闭，加载线走完、吸入阀打开以后及时停机，每隔一分钟拉一次线，直到停机时的排出阀载荷开始下降，记录时间，继续下降到最低载荷。可以根据示功图求出单位时间的漏失量。

3. 抽油泵的试压标准

通常使用 10 号轻柴油，对抽油泵进行密封和强度试验。

（1）密封试验是将漏失量试验压力定为 10MPa，对照表 1-15 和表 1-16 的漏失量确定泵的配合间隙号或间隙等级。求实际漏失量时，可将表中数值除以试验压力，再乘以柱塞上、下压差。

（2）强度试验必须满足实际工作压力的 1.2 倍。

表 1-15 试验压力 10MPa 时不同间隙代号泵的标准漏失量

泵径 mm	试验压力 MPa	间隙代号				
		1	2	3	4	5
		最大漏失量，mL/min				
32	10	200	420	760	1255	1920
38		235	495	905	1490	2280
44		270	575	1050	1725	2640
56		350	730	1335	2200	3370
63		390	820	1500	2465	3780
70		550	1170	2140	3530	5420
83		650	1390	2540	4190	7350
95		750	1590	2910	4790	8412
110		868	1841	3369	5546	9740

表 1-16　试验压力 10MPa 时不同等级泵的标准漏失量

泵径 mm	试验压力 MPa	间隙等级		
		1	2	3
		最大漏失量，mL/min		
32	10	100	500	1420
38		120	595	1690
44		140	690	1955
56		175	875	2490
63		200	985	2800
70		280	1410	4010
83		330	1670	4750
95		380	1910	5440
100		440	2212	6299

4. 柱塞在泵筒中的通过性能试验

抽油泵在下井进行柱塞在泵筒中通过性能试验，就是用人工拉动柱塞，在泵筒全长范围内反复拉动和旋转，如果柱塞拉动轻快均匀、转动灵活、无阻滞现象，且吸力大，即可认为合格。要求在泵筒全长范围内拉动柱塞（注意：必须是柱塞由泵筒一端进入，由另一端伸出），运动时不发生卡阻现象。

5. 抽油泵的间隙等级或间隙代码选择

确定抽油泵间隙等级或间隙代码时，主要考虑下述 4 个因素：

1）温度影响

由于井下温度与地面温度差异和钢材热膨胀系数不同所造成的间隙增量，可用式(1-9) 进行校正：

$$\Delta\delta=\frac{(D\alpha_{D}-d\alpha_{d})\Delta t}{2} \tag{1-9}$$

式中　$\Delta\delta$——柱塞和泵筒间隙增量，mm；

D——泵筒内径，mm；

α_D——泵筒钢材温度线膨胀系数，℃$^{-1}$；

d——柱塞外径，mm；

α_d——柱塞钢材温度线膨胀系数，℃$^{-1}$；

Δt——井底与地面温度差，℃。

一般钢材温度线膨胀系数取值为：

铬钢：　　　　$\alpha=11.8\times10^{-6}$/℃（20~200℃）

碳钢： $\alpha=11.3\times10^{-6}\sim13\times10^{-6}/℃(20\sim200℃)$

铬镍钢： $\alpha=14.5\times10^{-6}/℃(20\sim100℃)$

2）受力影响

泵内、外静液柱压力使泵筒产生的径向变形，可用式(1-10)、式(1-11)间隙变化量进行校正。

$$\Delta\delta_{io}=\frac{(1-\mu)}{E}\frac{(r_i^2p_i-r_o^2p_o)r_i}{(r_o-r_i)}+\frac{(1+\mu)}{E}\frac{r_i^2r_o^2(p_i-p_o)}{(r_o^2-r_i^2)r_i} \tag{1-10}$$

$$\Delta\delta_w=-\frac{2r_i\mu W\times10^6}{\pi E(r_o^2-r_i^2)} \tag{1-11}$$

式中 $\Delta\delta_{io}$——受液压影响泵筒与柱塞间隙变化量，mm；

μ——材料泊松比，一般取0.26~0.3；

r_i——泵筒内径，mm；

r_o——泵筒外径，mm；

p_i——泵筒内压，MPa；

p_o——泵筒外压，MPa；

E——材料弹性模量，$E=2.06\times10^5MN/m^2$；

$\Delta\delta_w$——受轴向力泵筒与柱塞间隙变化量，mm；

W——泵筒承受的轴向力，MN。

3）井液黏度影响

井液黏度高，可根据公式将泵筒与柱塞的间隙适当放大。

4）井液含砂量影响

含砂量大、砂粒硬度大，泵筒与柱塞间隙应适当放大，减缓泵的磨损。

（三）抽油泵的失效

抽油泵在高温、高压环境中运行，运行速度高，而且工作介质具有不同程度的腐蚀，且含有的腐蚀材料（一般多为粉砂，即直径在0.1~0.25mm，莫氏硬度7级以上）会加快腐蚀和磨损速度。抽油泵失效的基本形式包括：

1. 抽油泵磨损失效

1）黏着磨损

由于柱塞和泵筒接触面之间表面膜被破坏，且滑动速度达到一定数值时，接触点处摩擦副发生双方向再结晶、扩散或熔化，产生黏着、撕脱、再黏着的循环过程，构成黏着磨损，严重时可将摩擦副咬死。可以采取如下治理措施：避免采用相同的金属或晶格类型、晶格间距，电子密度、电化学性能相近的金属组成摩擦副；采用合理的表面工艺；改善摩擦副表面润滑；提高表面硬度等。

2）摩擦磨损

摩擦磨损一般分为凿削磨损、冲蚀磨损及硬磨磨损，主要是由于各种磨粒造成的。一般采用的治理措施是：提高摩擦副表面硬度，增强耐磨性；减少耐磨性；减少磨粒含量；适当控制金组织中碳化物颗粒的大小可减少凿削磨损。

3）表面疲劳磨损

在材料表面受到交变应力的作用下，表面出现麻点和疲劳裂纹所形成的磨损，属于表面疲劳磨损。减少疲劳磨损的措施有：提高钢材纯度，尽量减少材料中氧化物杂质；采用变形热处理工艺，使钢材中碳化物得到细化和均匀分布；提高硬度；摩擦副硬度差值不要过大。

4）腐蚀磨损

在摩擦过程中，金属同时与周围介质发生化学或电化学反应形成物质损失称为腐蚀磨损。减少腐蚀磨损的措施有：根据介质腐蚀性选用抗腐蚀金属；有针对性地采用化学防腐措施。

2. 抽油泵零件的机械破坏和机械故障

（1）上出油阀罩。由于上出油阀罩形状特殊、承载面积减小、承载应力大，所以容易断裂。在选择上出油阀罩的钢材时，应尽量选用高强度钢材，并须考虑防腐要求。在机械加工方面应采取有效的措施防止应力集中。加工时，内、外径应尽量做到同心，保证厚薄均匀。

（2）泵筒故障。泵筒设计比较成熟，只要按照规程选泵和进行合理的尾管设计，在选用中一般不会发生泵筒断裂故障，矿场发生的断裂事故多为腐蚀和机械加工不合理造成的。此外，抽油泵磨损造成间隙过大或泵筒拉槽会使漏失量超标，形成泵筒故障。

（3）进油阀故障。实践证明，在高沉没度（大于600m）和大泵（大于70mm）的井中，进油阀罩顶部被阀球打穿的情况屡有发生，主要原因是大泵的阀球质量大、大沉没度使阀球上升速度高，对阀罩冲击能量大，超过了进油阀的承载能力而损坏。除了提高材料抗多次冲击能力外，主要采取的措施是控制合理沉没度。

（4）由于阀球和阀座的运转频率很高，一般每年 $200\times10^4\sim900\times10^4$ 次，泵越大、阀球越重、阀球和阀座损坏的频率越高。常见的损坏类型包括：

① 阀球断裂。制造高碳合金钢球阀时，在淬火前没有进行充分的球化退火，材料内部产生较大的温度应力，使工件在淬火时产生了微裂纹。下井后由于不断撞击，裂纹迅速扩大，最终断裂。阀座两平面磨削不平或有翘曲，安装后平面压紧力不均衡，会使球座部分截面产生较大的拉应力，在多次冲击的作用下断裂。

② 撞击损伤。阀球与阀座工作时长期高频率撞击，必然产生压痕和磨损，降低密封性，造成抽油泵失效。

③ 腐蚀伤害。阀球与阀座长时间在腐蚀环境中工作，表面被腐蚀，降低密封性，造成抽油泵失效。

（5）抽油泵零部件过量变形造成抽油泵失效。

① 泵筒过量变形会造成柱塞卡死，主要形式是轴向弯曲，内径直线度（要求泵筒每600mm长度偏差不大于0.06mm）或内控圆度超差。主要原因是制造时矫直精度不高，或组装、运输、储存和使用时不能严格执行有关规定造成的。

② 柱塞过量变形的主要形式有：

a. 柱塞下端头部被不恰当碰泵镦粗。

b. 组装柱塞时螺纹没清洗干净，螺纹上紧后，污物将柱塞外径涨大。

c. 存放时没有垂直吊挂，长时间水平放置使柱塞弯曲。

d. 阀座过量变形，阀座硬度不够，在阀球长期撞击下密封面变形。

（四）抽油泵的储存

（1）应在干燥专用的库房内存放抽油泵，严禁长期在室外放置。运输和存放时始终要有护丝保护两端螺纹，有效地防止异物进入泵内。

（2）应建立抽油泵档案，记录抽油泵服役过程、维修保养记录、检验合格证和跟踪卡。

（3）对带有包装箱的抽油泵，应放在平整的水泥地面上；对没有包装箱的抽油泵，应排放在有3个支点的泵架上，两端悬空不超过1m。

（4）需要长期存放备用的抽油泵，要涂以20号机油防腐。

（五）抽油泵的运输

（1）运输时应使用抽油泵专用运输车，将泵固定在泵架上拉运；没有专用车时，应使用车槽长度不小于泵长的卡车进行拉运，必须用支撑物垫平，泵端悬空长度不得超过1.5m。必须将抽油泵与车槽固定，以防颠簸和异物碰撞损坏。

（2）在运输过程中两端必须带好护丝，防止柱塞窜出和异物进入泵内。

（3）短距离人力搬运时，应不少于3人，并沿全长均匀分布。

（4）起吊时应按照包装箱上设计的吊装位置起吊，起吊单台泵时应使用长度为泵长一半的横担起吊。

（六）抽油泵的维修

（1）抽油泵在未清洗前按规程卸成零件，检查泵内异物，记录分析存在问题。

（2）清洗完成后，测量各部尺寸，分析磨损情况。

（3）仔细检查阀球、阀座有无损伤，并进行密封性能试验。

（4）擦净泵筒内表面，必要时用砂布打磨掉泵筒内表面沉积物，用气测规测量泵筒各部分的内径，如内径差大于0.05mm，应进行研磨。

（5）对泵筒进行直线度检测，如果超标，则进行矫直。

（6）检查柱塞外径和圆度，判断是否能继续使用。

（7）检查所有配件的螺纹和密封面有无损伤，判断是否能继续使用。

（8）凡判断不能使用的零部件应单独存放，并用合格的配件替换。

（9）组装完成后，进行上、中、下三部分柱塞泵筒间隙试压，测漏失量，确定是否符合要求。

（10）进行强度试压，检查各部是否漏失，特别是进油阀的漏失情况。

（11）综合以上内容评价抽油泵技术状况，并做好记录。

（12）根据以上评价结果修复、调整和更换零部件，并记录修复后的间隙和阀球座密封记录。

（13）组装好后进行柱塞泵筒密封试压和强度试压。填写档案和卡片、存档。

三、抽油泵附件

如前所述，抽油泵的井下的工作状况十分复杂，且不同油井的工况差异度较大。国内外采油工作者开发出了多种抽油泵附件来改善抽油泵的运行状况，主要有油管锚、悬挂尾管、气锚、砂锚和滤砂管、泄油器等器具。[9]

（一）油管锚

用油管锚将油管下端固定在套管壁，可以消除油管变形，减少冲程损失，改善受力状况。大多数采油工作者认为泵深超过 1800m 或悬点所受的液柱载荷大于 14900～22400N 的油井，下油管锚是防止上行程油管弯曲及改善油管受交变载荷影响的有效方法。将油管下部锚定，可以消除由于内压引起的油管螺旋弯曲，从而消除因此而产生的冲程损失，更重要的是油管锚定后可使油管保持一定的预应力，不但改善油管受力状况，而且避免了螺纹滑动，可有效地防止螺纹断脱和漏失，也能大大减少抽油泵阀的振动干扰。

1. 油管锚的选型原则

理想的油管锚应具备以下三方面的基本要求：

（1）能承受交变的液柱载荷和随机向上和向下的各种载荷而不滑动，锚定力应为油管承受最大载荷的 1.3 倍以上。

（2）应选择双向锚定，以便能承受上、下方向的载荷，并防止油管断脱时落入井内。

（3）锚定后拉够预应力，确保油管始终保持张力状态而不弯曲。

2. 油管锚的类型

1）机械式油管锚

机械式油管锚按锚定方式分为张力式、压缩式和旋转式三种。

（1）张力式油管锚（图 1-39）。张力式油管锚的特点是结构简单，锚定力可达 10^5N，能满足有杆泵锚定力的要求，并且能在各种效应影响下始终保持油管不弯曲，螺纹不磨损；其缺点是用单向卡瓦，一旦载荷波动超过预拉力造成解锚，或油管断脱将造成下部油管和油锚落井。

（2）压缩式油管锚（图1-40）。其结构原理是张力式油管锚利用油管重锚坐，必要时可施加拔距。由于采用单向卡瓦，所以锚定后油管可以上行，不能下行。坐锚后油管是弯曲的，这种锚虽然结构简单，理论上讲锚定力可达10^5N，但是，由于井下状况复杂，锚定力变化较大，因此性能不太可靠。

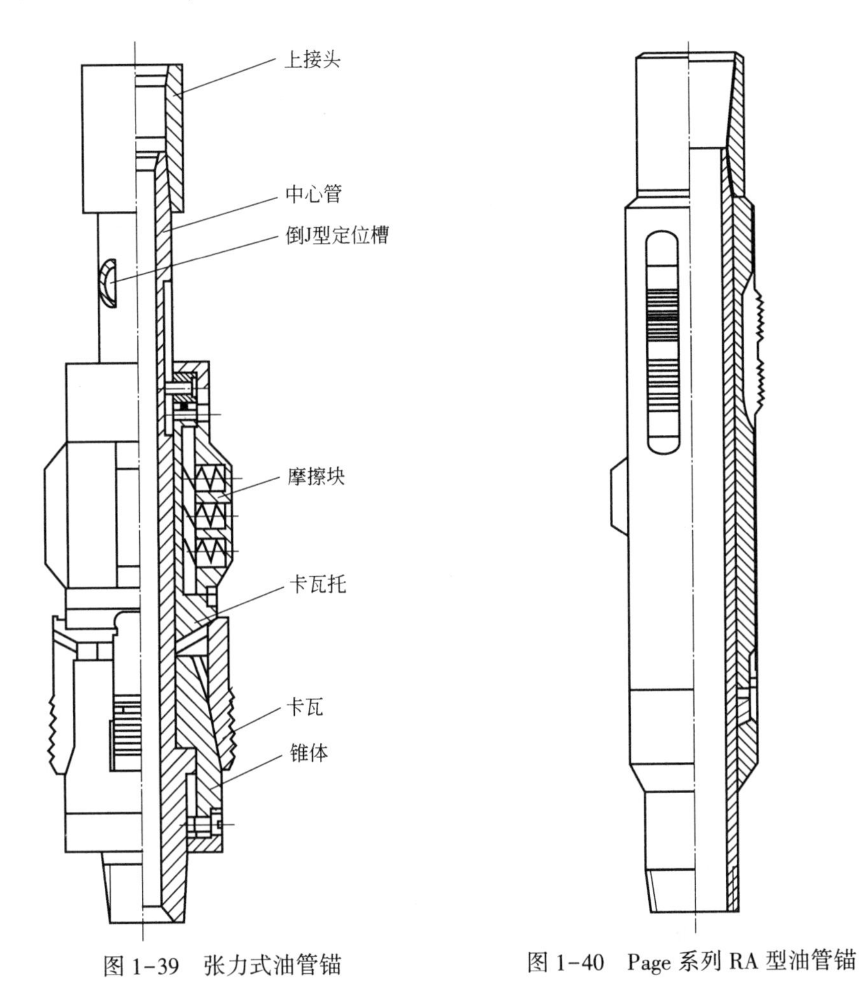

图1-39　张力式油管锚

图1-40　Page系列RA型油管锚

（3）旋转式油管锚（图1-41）。这种油管锚国内生产的较少。结构原理是采用双向锚定卡瓦，旋转油管坐锚或旋转加上提下放坐锚，并有应急释放机构。由于油管锚具有双向锚的特点，所以既能提够预拉力，又可防止油管断脱时下部油管锚落入井内，同时具备足够的锚定力；其缺点是在井口旋转坐锚不易操作。

2）液力式油管锚

液力式油管锚按锚定方式分为压差式和憋压式两种。

（1）压差式液力油管锚。利用油井开抽后油管内与环形空间的液面差，推动锚内活塞将卡瓦推出锚定在套管壁上。其特点是抽油泵开抽后随着油管内液面上升而自动锚定，对于举升高度小的油井，往往由于压差值过小而锚定力达不到要求。

（2）憋压式油管锚（图 1-42）。这种锚是将油管锚下到预定深度，通过油管憋压坐锚，锚定力可达 25×10^4N，下锚定力可达 8×10^4N，解锚时上提油管使下锥体剪断剪切环（或销钉），下锥体靠自重下落，上椎体在中心管带动下上行，而上、下卡瓦沿燕尾槽自行收缩。其特点是，由于采用了双向锚定，坐锚后可以将油管提拉预拉力，能满足油管锚的三个基本要求，是一种较理想的油管锚。

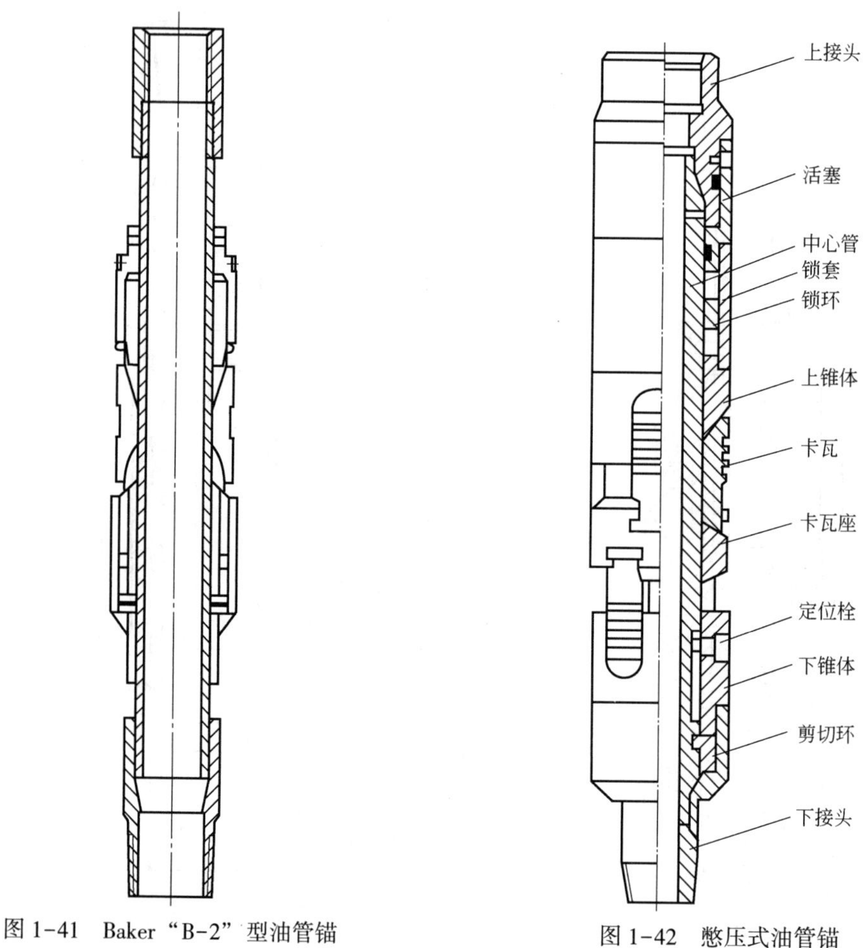

图 1-41 Baker“B-2”型油管锚

图 1-42 憋压式油管锚

3. 油管锚坐锚和解锚时的注意事项

（1）油管锚坐锚位置应避开套管接箍，一般装在抽油泵顶部。

（2）下油管锚前必须按操作规程认真通井和刮刷套管，确认坐锚位置以上的套管完好并清洁。

（3）除压缩式油管锚以外，坐锚后必须计算好并准确上提预定的上提力，一般要附加 30%。

（4）旋转坐锚时，每加深 300m 要比操作说明的圈数多转一圈。

（5）上提解锚的油管锚，下锚前要计算好剪切力，并做实验核实。

(6) 认真检查卡瓦牙弧度是否符合内径要求，防止接触圆角过小，因为万一锚不住时，每冲程油管伸缩会刮削一次套管，套管会很快损坏。

(二) 悬挂尾管

在抽油泵下面悬挂足够重量的尾管，使得抽油泵上部的油管在抽汲过程中始终承受尾管重量的拉力，以平衡上行程油管卸载时的弯曲力，考虑不同壁厚油管的刚度可用式(1-12) 计算：

$$L_{tp}=\frac{10\Delta p_L A_p}{q_t(1-0.128\rho_L)} \tag{1-12}$$

式中 L_{tp}——尾管长度，m；

Δp_L——柱塞上、下压力差，MPa；

A_p——柱塞面积，cm^2；

ρ_L——油管内流体相对密度，一般含水井可取 1；

q_t——油管在空气中质量，kg/m。

当 $L_{tp}\leqslant 0$ 时，可不下尾管。悬挂尾管的优点是工艺简单，消除或减轻弯曲效应，起出油管安全；缺点是不能克服油管的弹性变形，增加油流进泵的阻力。

(三) 气锚

1. 利用滑脱效应的气锚

这种气锚以国内最早使用的简单气锚为代表，如图 1-43 所示。图中 v_d 为静止液体中气泡上升速度，v_f 为液体上升速度，v_g 为流动液体中气泡上升速度，v_{fv} 为液体垂直分速，v_{fh} 为液体水平分速，l_1 为气锚高度，l_2 为分离室长度。选择这类气锚时要计算气锚外壳内径和吸入管外径、分离室长度和气帽长度。

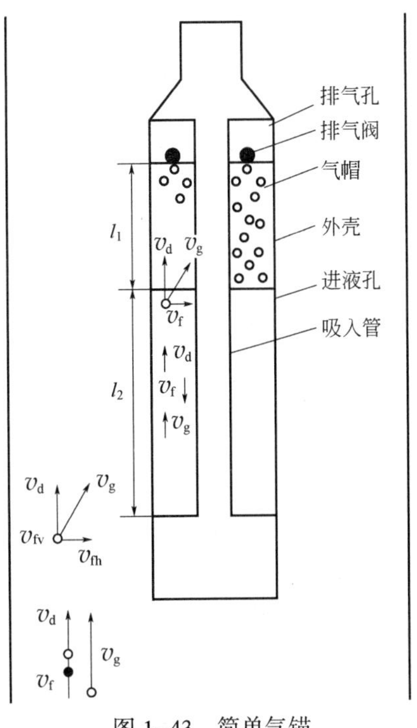

图 1-43 简单气锚

2. 利用离心效应的气锚

以螺旋式气锚为代表，使含气油流在气锚内旋转流动，利用不同密度的流体离心力不同，使被聚集的大气泡沿螺旋内侧流动，带有未被分离的小气泡的液体则沿外侧流动。被聚集的大气泡不断聚集，沿内侧上升至螺旋顶部聚集成气帽，经过排气孔排到油套管环形空间，下冲程时，泵停止吸油，油套管环形空间和气锚内的液体中含的小气泡泡滑脱上浮，一部分上浮到泵上油套管环形空间，另一部分上浮进入气帽，排入油套管环形空间，液流沿

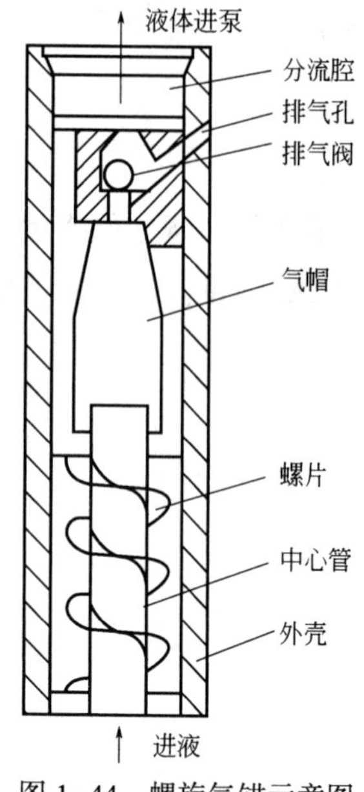

图 1-44　螺旋气锚示意图

外侧经过液道进泵，如图 1-44 所示。这种气锚对产量越高、气油比越大、气泡直径越大的流体，其油气分离效率越高，增加螺旋圈数、减少螺旋外径都可以提高分气效率。

3. 利用捕集效应的气锚

如前所述，气泡直径越大，分气效率越高，因此使小气泡聚集成大气泡便会大大地提高分气效率。20 世纪六七十年代，前苏联提出盘式气锚，如图 1-45 所示。其分气原理是以集气盘作为气泡捕集器，将气泡聚集后利用液流 90°转向时的离心效应，使油气分离。气体在盘内聚集溢出时形成大气泡，沿气锚外壳的内壁浮至气锚，经排气孔排到套管环形空间，而液体从吸入孔进入吸入管进泵。这种气锚效率比简单气锚好，但低于离心效应气锚。

4. 利用排气效应的气锚

为了有效地将进液孔与排气孔分开，设计气锚时往往采用气帽和排气阀的结构确保排气孔不进液，只排气，结构如图 1-46 所示。其原理是：气锚内分出的气体上浮进入气帽，使其充满液体。设进液孔处压力为 p，则排气孔外的压力等于 p 减去液柱压力 Δp_t，而排气孔内的压力等于 p 减去气柱压力 Δp_g。因为 $\Delta p_f>\Delta p_g$，所以，排气孔内压力大于排气孔外压力，当这两个压力差值大于克服排气阀重量时，则阀自动打开放气。

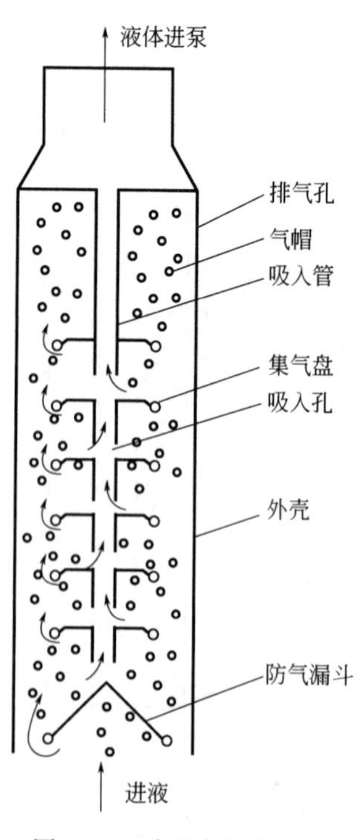

图 1-45　盘器气锚示意图

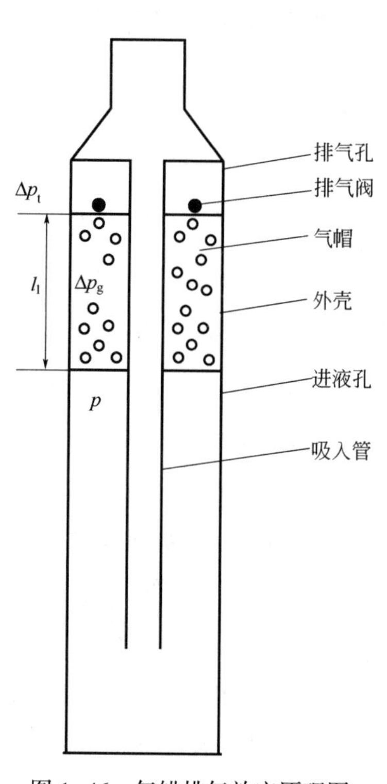

图 1-46　气锚排气效应原理图

（四）砂锚和滤砂管

为了保护油层骨架不被破坏，出砂井在完井时会进行防砂措施，尽可能地使粗砂留在油层内，保证油层骨架不被破坏。然而，细砂和粒径小于 2μm 的黏土颗粒会进入井筒，从而加快抽油泵的磨损，因此在进泵前应将这部分细砂除去，矿场一般采用砂锚和滤砂管除砂。

1. *砂锚*

砂锚是利用液体和砂子的密度差，当液流回转方向改变时，砂粒受重力和离心力作用而分离，沉入尾管，如图 1–47 所示。图中 u_s 为砂粒在静液中下沉速度，u_f 为液流速度，u 为砂粒实际下沉速度。

在矿场实际应用中多采用气砂锚，如图 1–48 所示，流体经过分气室，大部分游离气被分离走，液力速度下降，使细砂分出。

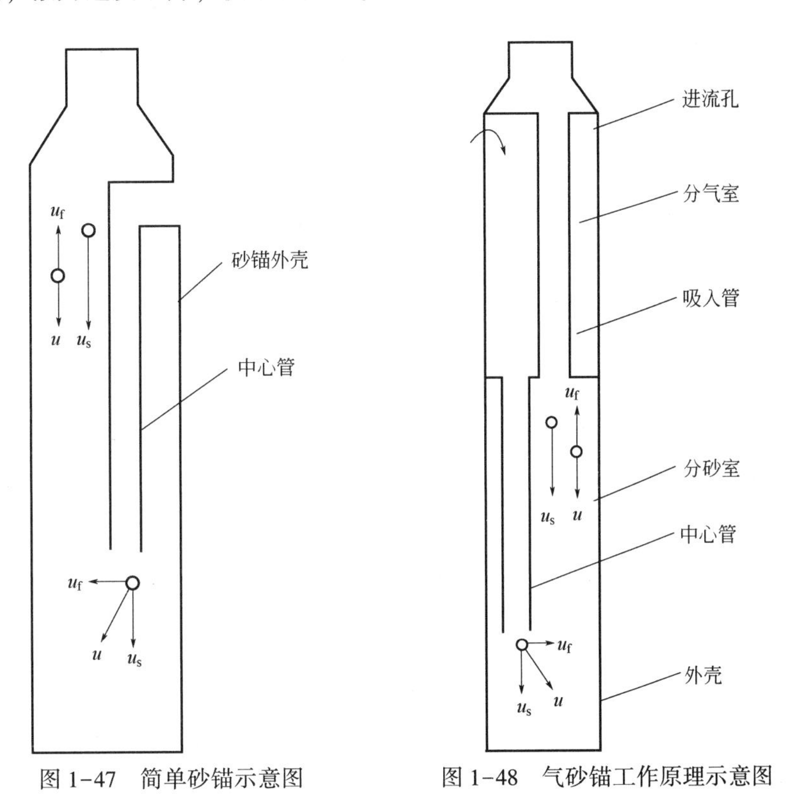

图 1–47　简单砂锚示意图　　图 1–48　气砂锚工作原理示意图

2. *滤砂管*

滤砂管是在泵的吸入口装一根带孔管，外面根据出砂的粒径用铁丝布、铜丝布、刚性烧结金属丝网、金属棉或树脂砂做过滤层，过滤层的孔眼或孔喉的直径以不大于 3 倍欲防砂粒径为宜。

（五）泄油器

泄油器的作用是，在油井作业时将井液泄至井内，改善井口操作条件，减少井场污染，同时提高了井内液面，在一定程度上避免井喷。泄油器分为液压式和机械式两大类，机械式又分为一次性开启和重复开关两种。从发展趋势看，泄油器已向机械式重复开关的方向发展，以适应多次使用和操作方便的要求。

1. 液压式泄油器

液压式泄油器属一次性开启类型，主要分为爆破式和憋压式两种。

1）爆破式泄油器

爆破式泄油器的结构是在泄油器上安装一个金属爆破片，当内、外压差达到极限强度时，爆破片爆破，使油管内的液体经过孔眼泄入井内，其结构如图 1-49 所示。

2）憋压式泄油器

憋压式泄油器结构如图 1-50 所示，是在泄油器外壳上按装一个用定位销钉固定的密封套。油管内憋压时，泄油器内、外形成压差，此压差作用在两个 O 形密封圈环形面积上，产生的压力剪断销钉，泄油器即打开，开始向井内泄油。

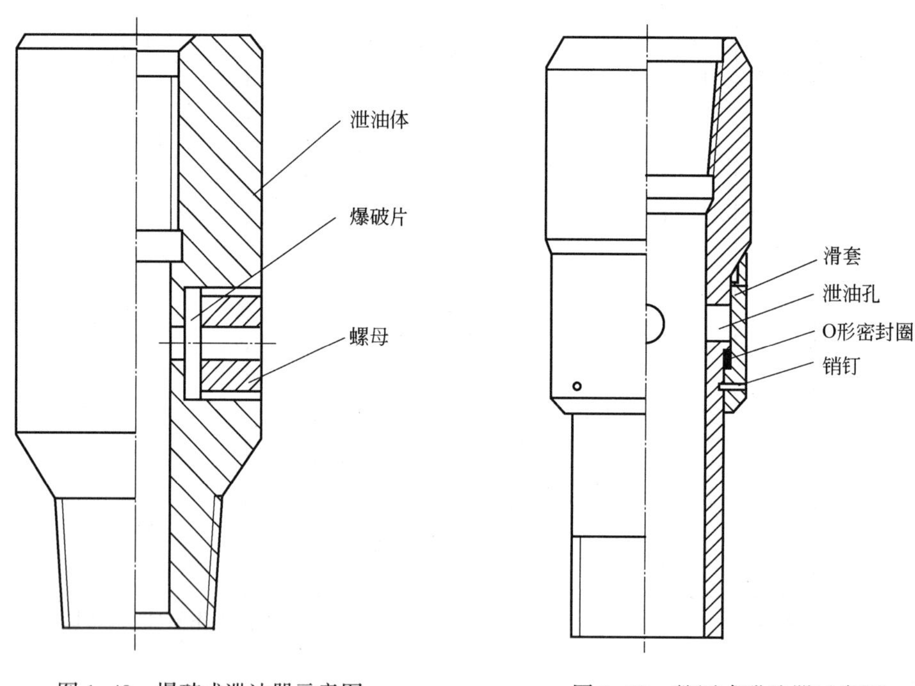

图 1-49　爆破式泄油器示意图　　图 1-50　憋压式泄油器示意图

2. 机械式泄油器

1）卡簧式泄油器

卡簧式泄油器分为两种：一种是滑套上、下两端都有卡簧，如图 1-51 所示；另一种是滑套一端有卡簧。这类泄油器操作简单，安全可靠，并可重复开关。但是，由于密封件是用 O 形密封圈，开关次数不能过多。

2）锁球式泄油器

以 KX-B 型锁球开关式泄油器为代表，其结构如图 1-52 所示。当控制器上行与上球接触，带动滑套上行至上释放槽，上球入槽，控制器自由起出，这时下球推开下换向槽，球被顶出，完成了打开泄油器和换向动作。关闭泄油器时，控制器下行，与下球接触，压滑套下行至下释放槽，下球入槽，控制器可自由下放，同时上球推出上换向槽，球被顶出，完成了关闭泄油器和换向动作。这种泄油器可以重复开关，有自锁装置的优点，但结构复杂，容易失灵，矿场使用不广泛。

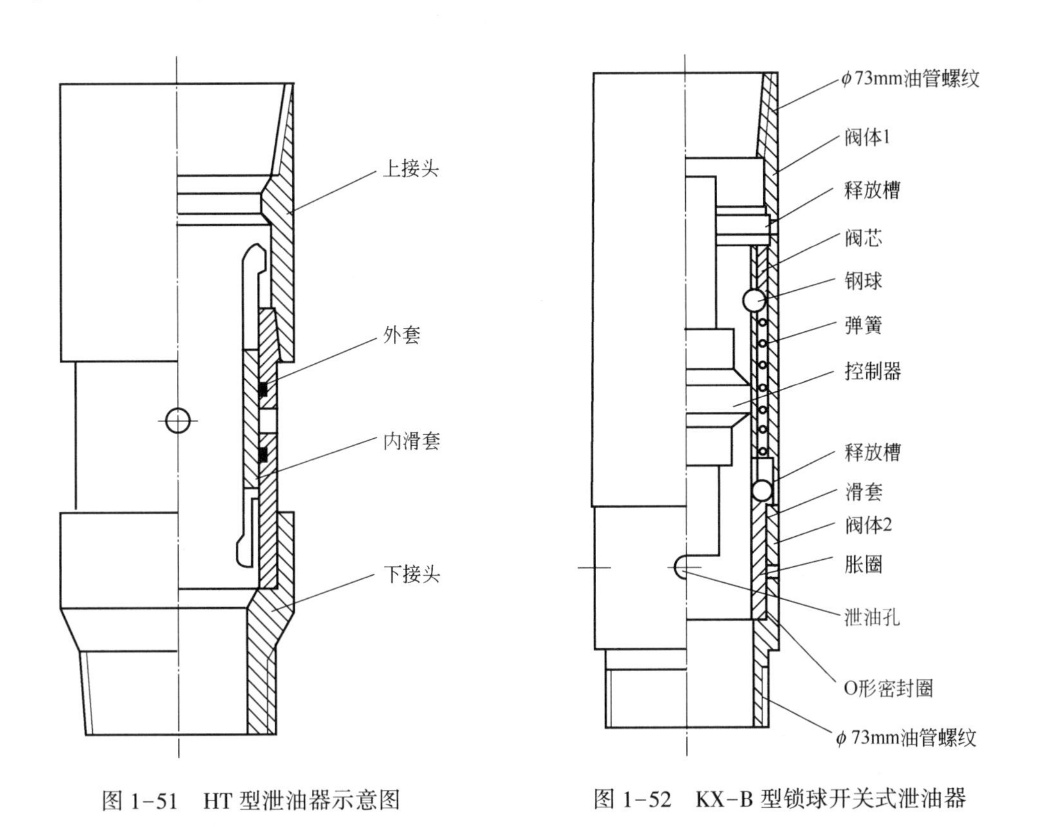

图 1-51　HT 型泄油器示意图

图 1-52　KX-B 型锁球开关式泄油器

3）凸轮式泄油器

当控制器的端部斜面与上换向器的凸起部位相接触时，控制器向下运动，推动滑套和换向机构下行，待换向机构下端沿下锥面滑动，导致换向机构沿其轴心旋转，使换向机构的凸起部位缩至与滑套内孔相同时，控制器顺利通过，此时完成了泄油器关闭和换向动作。当控制器向上运动时，按同样的原理完成泄油器开启和换向动作。这种泄油器也具有重复开关，能自锁的优点，但由于换向机构中的弹簧长期在井下，腐蚀或砂、蜡卡后就会失灵，因此矿床也不多用。

4）ZXY 型旋转式泄油器

ZXY 型旋转式泄油器是靠旋转油管来实现泄油，现场应用成功率较高。

第四节　油管柱

一、油管柱的工况分析

（一）油管柱的受力分析

在有杆抽油泵井中，未锚定的油管不仅承受自重载荷，还承受液柱压力作用在油管内径截面积与抽油泵活塞面积之差上的不变载荷 W_{LS}，因此，油管承受的不变载荷可表示为：

$$W_S = W_t + W_{LS} \tag{1-13}$$

$$W_t = 9.8Lq_t \tag{1-14}$$

$$W_{LS} = 2.45\pi L_d \rho_L (d_t^2 - d_p^2) \tag{1-15}$$

式中　W_S——油管柱承受的不变载荷，N；

W_t——油管柱自重载荷，N；

q_t——油管在空气中的重量，kg/m；

L——油管长度，m；

d_t——油管内径，m；

d_p——抽油泵活塞直径，m；

L_d——动液面深度，m；

ρ_L——油管内流体密度，kg/m^3。

油管在每个冲程中所承受的加载循环类似于抽油杆的加载循环。在上行程排出阀关闭，举升液体的载荷转换在抽油杆上时，油管卸载收缩；下行时排出阀打开，举升液体的载荷通过泵底部吸入阀作用到油管上，使油管加载伸长，这个循环交变载荷每冲程循环一次，如果冲次为 $5 \sim 10min^{-1}$，则一年就要循环 $262\times10^4 \sim 524\times10^4$ 次。频繁的交变载荷会引起油管本体、特别是螺纹部分疲劳断裂；油管螺纹连接部位会由于交变载荷而导致内外螺纹间相互摩擦，使螺纹磨损漏失。

（二）油管柱的弯曲

当上行程液体载荷转换到抽油杆上时，由于液体载荷的突然消失，使下泵深度到油管中和点这段区间的油管弯曲。液体载荷越大，油管弯曲越严重。油管弯曲部位，抽油杆与油管之间摩擦力增大，增加了抽油杆载荷和能量耗损，同时加剧了抽油杆和油管、泵筒和活塞之间的摩擦，造成冲程的弹性损失，降低了泵效。

二、改善油管受力状况的方法

（一）下尾管

在抽油泵以下悬挂足够重量的尾管，使得抽油泵的上部油管在抽汲过程中，始终承受尾管重量的拉力，以平衡上行程时油管的弯曲力[9]。悬挂尾管的优点是工艺简单，消除或减轻弯曲效应，起出油管安全；缺点是不能克服油管的弹性变形，还增大油流进泵的阻力。

考虑不同壁厚油管的刚度，可使用下式求得最小尾管长度：

$$L_{tp}=\frac{10\Delta p_L A_p-0.1K}{q_t(1-0.128d_c)} \tag{1-16}$$

式中 L_{tp}——最小尾管长度，m；

Δp_L——抽油泵活塞上下压力差，MPa；

A_p——抽油泵活塞面积，cm^2。

d_c——井下流体相对密度，一般含水率可取 $d_c=1$；

K——考虑油管刚度的经验常数，N，当油管壁厚为 5.51mm 时，取 25180N，当油管壁厚为 7.82mm 时，取 22780N。

当 $L_{tp}\leqslant 0$ 时，可不下尾管。

（二）下油管锚

国内外采油工作者普遍认为，安装油管锚是防止上行程油管弯曲及改善油管受交变载荷影响的有效方法。油管锚必须具备以下条件：[10][11]

（1）油管锚的锚定力必须大于向上和向下的各种载荷；

（2）油管锚锚定后油管柱在液柱载荷、温度效应及鼓胀效应的作用下，始终保持张力状态，即不发生弯曲现象，为此油管锚定后必须施加足够的预应力。

习　　题

1. 什么是抽油机？抽油机的类型有哪些？
2. 抽油机技术的发展有哪几代？
3. 有杆抽油装置由哪几部分部分组成？每一部分有什么作用？
4. 常规游梁式抽油机的核心是什么？并简要阐述它的工作原理。
5. 抽油机的选型与安装需要遵循哪些原则？
6. 无游梁式抽油机包括哪些？并简述其优点。
7. 简述保养抽油机时的注意事项。
8. 当抽油机支架或驴头振动，电动机发出不均匀的噪声时，应该使用什么排除方法？

9. 简述抽油杆技术的发展趋势。

10. 空心抽油杆有哪些使用特点？

11. 抽油杆外螺纹接头断裂的原因是什么？

12. 抽油杆失效有什么预防措施？

13. 抽油杆扶正器的基本功能以及用途是什么？

14. 普通抽油杆在使用中会面临什么样的问题？

15. 抽油泵分为哪两类以及哪几个阶段？

16. 基于抽油泵所处的特殊环境，对于抽油泵一般需要满足什么条件？

17. 简述常规抽油泵的工作原理。

18. 常规抽油泵无法正常开采稠油的原因是什么？如何解决？

19. 简述管式泵和杆式泵的特点。

20. 封闭式负压抽油泵与常规抽油泵相比有什么优点？

21. 现有一口油井，它的排量不是很大，但是地层的含砂量很高，应该选用什么样的抽油泵？

22. 什么是油管锚？它有哪几种类型？

23. 油管锚坐锚和解锚时应注意哪些事项？

24. 改善油管受力状况的方法有哪两种？

25. 油管弯曲部位为什么会降低泵效？

26. 简述油管柱的受力情况。

27. 想要改善有杆泵的油管柱受力状况，对油管锚有什么要求？

28. 抽油杆柱设计应满足哪两个原则？

参考文献

[1] 韩修庭，王秀玲，焦振强. 有杆泵采油原理及应用［M］. 北京：石油工业出版社，2007：4.

[2] 陈宪侃，叶利平，谷玉红. 抽油机采油技术［M］. 北京：石油工业出版社，2004：57.

[3] 吴则中，李景文，赵学胜，等. 抽油杆［M］. 北京：石油工业出版社，1994：1.

[4] 韩修庭，王秀玲，焦振强. 有杆泵采油原理及应用［M］. 北京：石油工业出版社，2007：63.

[5] 曲占庆，薛建泉. 深井泵采油［M］. 青岛：中国石油大学出版社，2012.

[6] Auer R，et al. 石油开采中的抽油杆材料［J］. 国外金属材料，1985（1）：12-15.

[7] 韩修庭，王秀玲，焦振强. 有杆泵采油原理及应用［M］. 北京：石油工业出版社，

2007：7.

［8］ 靳光新，张洪礼，薛梅，等.稠油机械采油中抽油泵的选型分析与研究［J］.新疆石油科技，2018.

［9］ 陈宪侃，叶利平，谷玉红.抽油机采油技术［M］.北京：石油工业出版社，2004：71-79.

［10］ 陈宪侃，叶利平，谷玉红.抽油机采油技术［M］.北京：石油工业出版社，2004：81-89.

［11］ 韩修庭，王秀玲，焦振强.有杆泵采油原理及应用［M］.北京：石油工业出版社，2007，72-75.

第二章 游梁式抽油机的悬点运动规律和平衡理论

第一节 游梁式抽油机的悬点运动规律

游梁式抽油机是以游梁支点和曲柄轴中心的连线做固定杆，以曲柄、连杆和游梁后臂为三个活动杆所构成的四连杆机构（图 2-1）。掌握抽油机四连杆机构的几何特点，掌握悬点的位移、速度和加速度的变化规律，是研究抽油装置动力学、进行抽油设计和分析其工作状况的基础[1]。为了便于一般分析，可将抽油机悬点的运动规律简化为简谐运动和曲柄滑块机构分别进行研究。

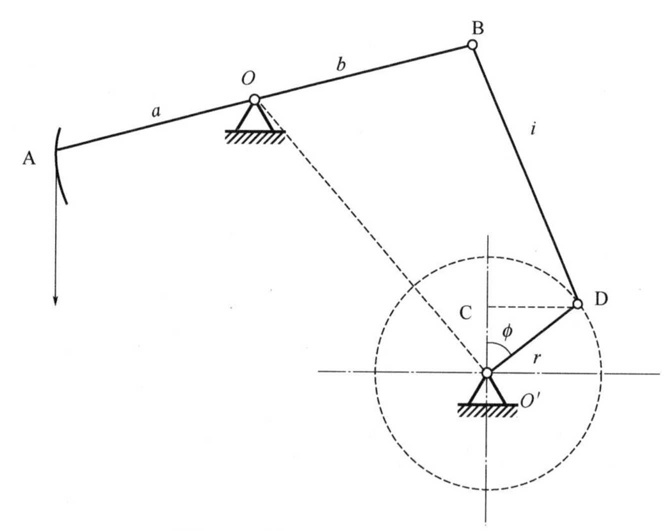

图 2-1 抽油机四连杆机构简图

一、简化为简谐运动时悬点运动规律

若 $r/l\approx0$ 及 $r/b\approx0$，即认为曲柄半径 r 比连杆长度 l 和游梁后臂 b 小得很多，以致它与 l 和 b 的比值可以忽略。此时，游梁和连杆的连接点 B 的运动可看做简谐运动，即

认为 B 点的运动规律和 D 点做圆运动时在垂直中心线上的投影（C 点）的运动规律相同。则 B 点经过 t 时间（曲柄转过 ϕ 角）时位移 S_B 为[2]

$$S_B = r(1-\cos\phi) = r(1-\cos\omega t) \tag{2-1}$$

式中 ϕ——曲柄转角，rad；

ω——曲柄角速度，rad/s；

t——时间，s。

以下死点为坐标零点，向上为坐标正方向，则悬点 A 的位移 S_A 为

$$S_A = \frac{a}{b}S_B = \frac{a}{b}r(1-\cos\omega t) \tag{2-2}$$

A 点的速度为

$$v_A = \frac{dS_A}{dt} = \frac{a}{b}\omega r\sin\omega t \tag{2-3}$$

A 点的加速度为

$$W_A = \frac{dv_A}{dt} = \frac{a}{b}\omega^2 r\cos\omega t \tag{2-4}$$

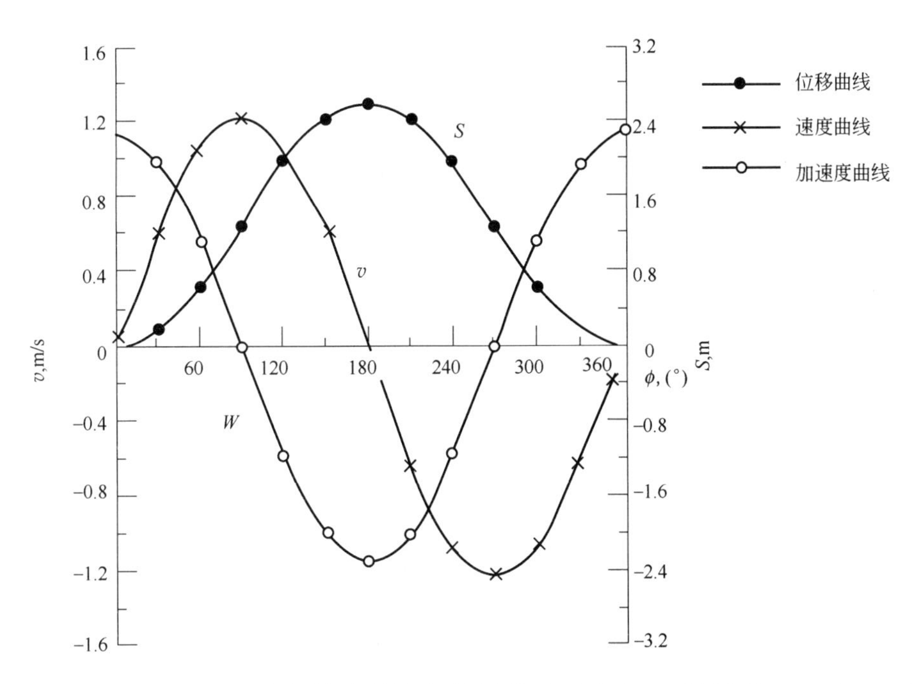

图 2-2　CYJ5-2.7-12HB 型抽油机简谐运动时悬点位移、速度、加速度曲线（s=2.7，n=9）

图 2-2 是由式(2-2)、式(2-3) 和式(2-4) 计算得到的悬点位移、速度和加速度随 ϕ 角的变化曲线，图中 s 为悬点冲型，n 为冲次。由图 2-2 看出：抽油机在一个冲程中，悬点的速度和加速度不仅大小在变化，而且方向也要发生改变。在上下死点处（ϕ=0°，180°）速度为零，加速度的绝对值为最大，其值为

$$W_{max}=\frac{a}{b}\omega^2 r \tag{2-5}$$

在上、下冲程的中点（$\phi=90°$，$270°$）加速度为零，速度的绝对值最大，其值为

$$v_{max}=\frac{a}{b}\omega^2 r \tag{2-6}$$

二、简化为曲柄滑块机构时悬点运动规律

冲程长度较大时，实际不可忽略抽油机的 r/l 值。为此，取 r 与 l 的比值为有限值，即 $0<r/l<1/4$，并把 B 点绕游梁支点的弧线运动近似地看做直线运动，则可把抽油机的运动简化为图 2-3 所示的曲柄滑块运动。[3]

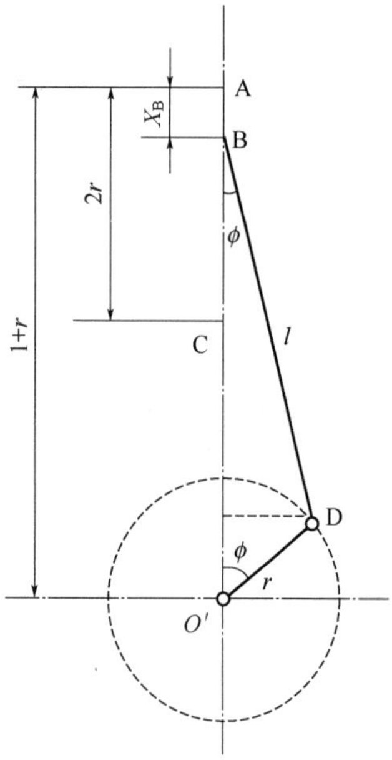

图 2-3　曲柄滑块机构简图

A 点的位移：

$$S_A=X_B\ \frac{a}{b}=r\left[(1-\cos\phi)+\frac{1}{\lambda}\left(1-\sqrt{1-\lambda^2\sin^2\phi}\right)\right]\frac{a}{b}$$

为了便于用求导，可将该式进一步简化，取其实用上足够准确的近似式。将上式所含 $\sqrt{1-\lambda^2\sin^2\phi}$ 按二项式定理展开，取其前两项可得

$$\sqrt{1-\lambda^2\sin^2\phi}\approx 1-\frac{\lambda^2\sin^2\phi}{2}$$

于是 A 点位移公式可简化为

$$S_A=r\left(1-\cos\phi+\frac{\lambda}{2}\sin^2\phi\right)\frac{a}{b} \tag{2-7}$$

A 点的速度：

$$v_A=\frac{\mathrm{d}S_A}{\mathrm{d}t}=\omega r\left(\sin\phi+\frac{\lambda}{2}\sin 2\phi\right)\frac{a}{b} \tag{2-8}$$

A 点的加速度：

$$W_A=\frac{\mathrm{d}v_A}{\mathrm{d}t}=\omega^2 r(\cos\phi+\lambda\cos 2\phi)\frac{a}{b} \tag{2-9}$$

悬点冲程（最大位移）：

$$S=\frac{a}{b}2r \tag{2-10}$$

为了确定悬点最大加速度，令 $\mathrm{d}W_A/\mathrm{d}\phi=0$，可得加速度的极值在 $\phi=0°$ 和 $\phi=180°$

处，即在上下死点处，其值分别为：

$$W_{\max\atop \phi=0°}=\omega^2 r(1+\lambda)\frac{a}{b}=\frac{S}{2}\omega^2\left(1+\frac{r}{l}\right) \tag{2-11a}$$

$$W_{\max\atop \phi=0°}=\omega^2 r(-1+\lambda)\frac{a}{b}=\frac{-S}{2}\omega^2\left(1-\frac{r}{l}\right) \tag{2-11b}$$

把简化为简谐运动和曲柄滑块机构时悬点位移、速度和加速度公式及随 ϕ 角的变化曲线进行比较后发现，尽管同一 ϕ 角下的数值不同，但其变化趋势是类似的。后者的速度变化为被“歪曲”的正弦曲线，加速度变化为被“歪曲”的余弦曲线。在下死点的最大加速度较前者大 λ 倍；在上死点的最大加速度较前者小 λ 倍。

上述简化为曲柄滑块机构后的研究结果可用于一般计算和分析。但做精确的分析计算和抽油机结构设计时，则必须按四连杆机构来研究抽油机的实际运动规律。可用图解法，或根据解析式用计算机来精确计算每种抽油机的位移、速度和加速度。图 2-4 和图 2-5 为 CYJ5-2.7-12HB 型抽油机按不同方法计算的悬点速度和加速度曲线。图中，s 为悬点冲型，n 为冲次。

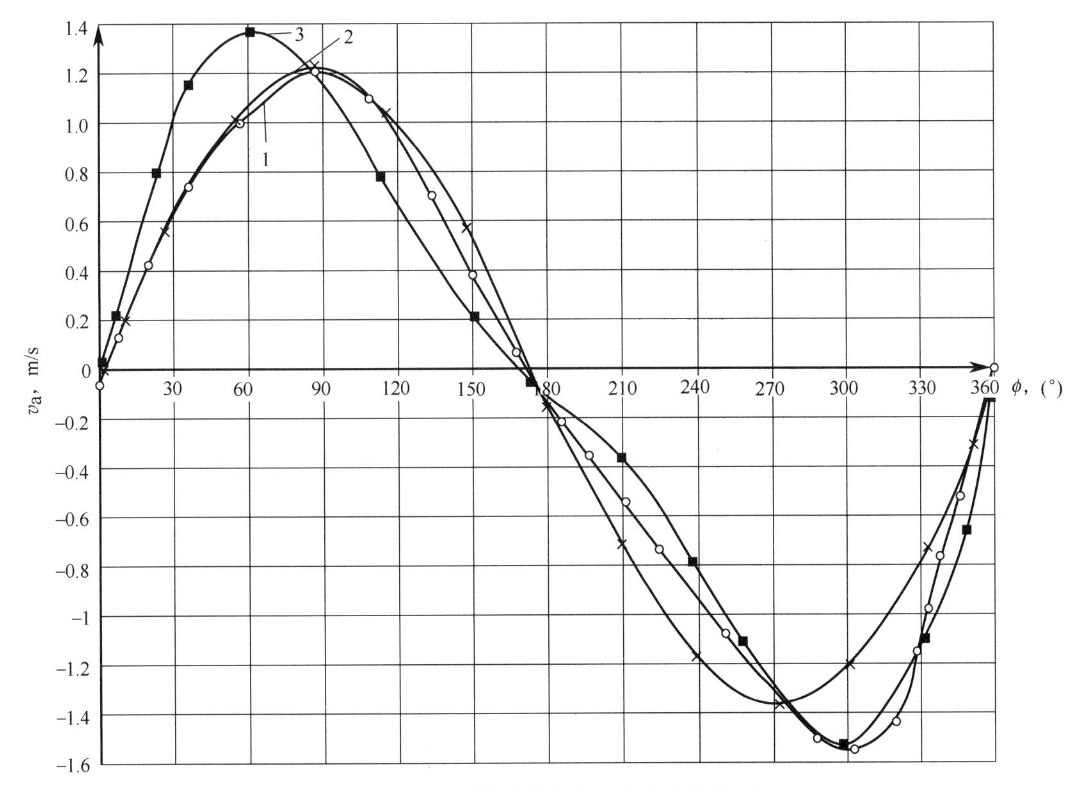

图 2-4　CYJ5-2.7-12HB 型抽油机悬点速度变化曲线（s=2.7；n=9）

1—按简谐运动计算；2—精确计算；3—按曲柄滑块机构计算

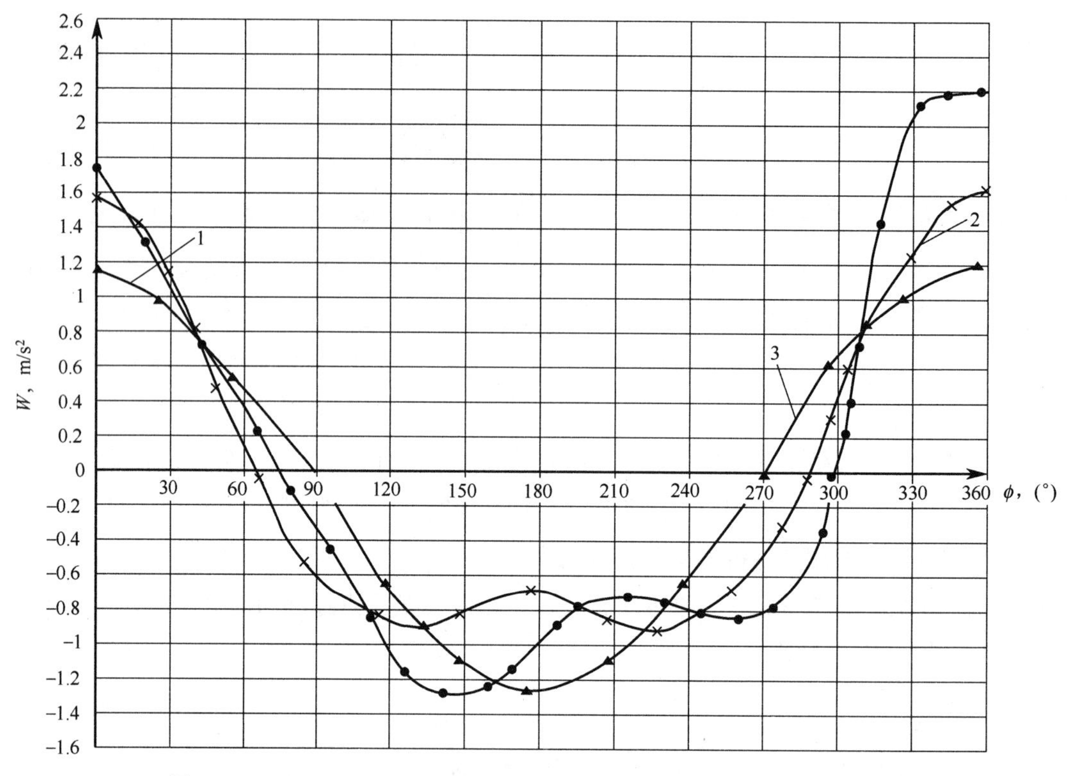

图 2-5　CYJ5-2.7-12HB 型抽油机悬点加速度变化曲线（$s=2.7$；$n=9$）

1—精确计算；2—按曲柄滑块机构计算；3—按简谐运动计算

第二节　游梁式抽油机悬点载荷计算方法

抽油机在不同抽汲参数下工作时，悬点所承受的载荷是选择抽油设备和分析设备工作状况的重要依据。为此，必须了解悬点承受的载荷和计算方法。

一、悬点所承受的载荷

（一）静载荷

1. 抽油杆柱载荷

驴头在上下运动时，带着抽油杆柱作往复运动，所以，抽油杆重力始终作用在驴头上。在下冲程中，排出阀打开后，油管内液体的浮力作用在抽油杆柱上。所以，下冲程中作用在悬点上的抽油杆柱的重力减去液体的浮力，即它在液体中的重力作用在悬点上的载荷。而在上冲程中，排出阀关闭，抽油杆柱不受管内液体浮力的作用。所以，上冲程中作用在悬点的抽油杆柱载荷为杆柱在空气中的重力（视频 2-1）。[4]

视频 2-1　悬点静载荷

$$W_r = f_r \rho_s g L = q_r g L \tag{2-12}$$

式中 W_r——抽油杆柱在空气中的重力，N；

g——重力加速度，m/s^2；

f_r——抽油杆截面积，m^2；

ρ_s——抽油杆材料（钢）的密度，取 $7850kg/m^3$；

L——抽油杆柱长度，m；

q_r——每米抽油杆柱的质量，kg/m。

下冲程作用在悬点上的抽油杆柱载荷为

$$W_r' = f_r L(\rho_s - \rho_L) g = q_r' L g$$

$$q_r' = q_r(\rho_s - \rho_L)/\rho_s = q_r b \tag{2-13}$$

$$b = (\rho_s - \rho_L)/\rho_s$$

式中 W_r'——下冲程作用在悬点上的抽油杆柱载荷，N；

b——考虑抽油杆柱受液体浮力的失重系数；

ρ_L——抽汲液体的密度，kg/m^3。

为了便于计算，表 2-1 中列出了不同尺寸的抽油杆在空气中的质量。

表 2-1 每米抽油杆的质量

直径 d，mm	截面积 f_r，cm^2	空气中每米抽油杆质量 q_r，kg/m
16	2.00	1.64
19	2.85	2.30
22	3.80	3.07
25	3.91	3.17

2. 作用在柱塞上的液柱载荷

在上冲程中，由于排出阀关闭，作用在柱塞上的液柱引起的悬点载荷为

$$W_L = (f_p - f_r) L \rho_L g \tag{2-14}$$

式中 W_L——作用在柱塞上的液柱载荷，N；

f_p——柱塞截面积，m^2；

在下冲程中，由于排出阀打开，液柱载荷通过吸入阀作用在油管上，而不作用在悬点上。

抽汲含水原油时，抽油杆和液柱载荷计算中所用的液体密度应采用混合液的密度。可按下式来近似计算：

$$\rho_{mL} = f_w \rho_w + (1 - f_w) \rho_o \tag{2-15}$$

式中 ρ_{mL}——油水混合液密度，kg/m^3；

ρ_o——原油密度，kg/m^3；

ρ_w——水的密度，kg/m^3；

f_w——原油含水率。

3. 沉没压力（泵吸入口压力）对悬点载荷的影响

上冲程中，在沉没压力作用下，井内液体克服泵的入口设备的阻力进入泵内，此时液流所具有的压力称为吸入压力。此压力作用在柱塞底部而产生向上的载荷 P_i 为

$$P_i = p_i f_p = (p_n - \Delta p_i) f_p \tag{2-16}$$

式中 P_i——吸入压力 p_i 作用在活塞上产生的载荷，N；

p_i——吸入压力，Pa；

f_p——柱塞截面积，m^2；

p_n——沉没压力，Pa；

Δp_i——液流通过泵的入口设备产生的压力降，Pa。

可根据式(2-16) 计算通过吸入阀产生的压力降。下冲程中，吸入阀关闭，沉没压力对悬点载荷没有影响。

4. 井口回压对悬点载荷的影响

液流在地面管线中的流动阻力所造成的井口回压对悬点将产生附加的载荷。其性质与油管内液体产生的载荷相同。上冲程中增加悬点载荷；下冲程中减小抽油杆柱载荷。

$$P_{hu} = p_h (f_p - f_r) \tag{2-17}$$

$$P_{hd} = p_h f_r \tag{2-18}$$

式中 P_{hu}——井口回压在上冲程中造成的悬点载荷，N；

P_{hd}——井口回压在下冲程中引起的悬点载荷，N；

p_h——井口回压，Pa；

f_p，f_r——柱塞及抽油杆的截面积，m^2。

由于沉没压力和井口回压在上冲程中造成的悬点载荷方向相反，可以相互抵消一部分，所以，在一般近似计算中可以忽略这两项。

（二）动载荷

1. 惯性载荷

抽油机运转时，驴头带着抽油杆柱和液柱做变速运动，因而产生抽油杆柱和液柱的惯性力。如果忽略抽油杆柱和液柱的弹性影响，则可以认为抽油杆柱和液柱各点的运动规律和悬点完全一致。所以，产生的惯性力除与抽油杆柱和液柱的质量有关外，还与悬点加速度的大小成正比，其方向与加速度方向相反。

抽油杆柱的惯性力 I_r 为

$$I_r = \frac{W_r}{g} W_A \tag{2-19}$$

液柱的惯性力 I_L 为

$$I_L = \frac{W_L}{g} W_A \varepsilon \tag{2-20}$$

式中　ε——考虑油管过流断面变化引起液柱加速度变化的系数。

$$\varepsilon = \frac{f_p - f_r}{f_{tf} - f_r}$$

式中　f_{tf}——油管的流通断面面积。

由图 2-11 可看出，悬点加速度在上、下冲程中，大小和方向是变化的。因而，作用在悬点的惯性载荷的大小和方向也将随悬点加速度而变化。因假定向上作为坐标的正方向，所以加速度为正时，加速度方向向上；加速度为负时，加速度方向向下。上冲程中，前半冲程加速度为正，即加速度向上，则惯性力向下，从而增加悬点载荷；后半冲程中加速度为负，即加速度向下，则惯性力向上，从而减小悬点载荷。在下冲程中，情况刚刚好相反，前半冲程惯性力向上，减小悬点载荷；后半冲程惯性力向下，将增大悬点载荷。

如果把抽油机悬点的运动近似地用曲柄滑块机构的运动来表示，在 $r/l<1/4$ 的条件下，根据式(2-11）和式(2-11a)，最大加速度将发生在上、下死点处，其值为

$$W_{\substack{max \\ \phi=0°}} = \frac{S}{2}\omega^2\left(1+\frac{r}{l}\right)$$

$$W_{\substack{max \\ \phi=180°}} = \frac{-S}{2}\omega^2\left(1-\frac{r}{l}\right)$$

将上、下死点处的加速度值代入式(3-19）和式(3-20）便可求得抽油杆柱和液柱的最大惯性力。

上冲程中抽油杆柱引起的悬点最大惯性载荷 I_{ru} 为

$$I_{ru} = \frac{W_r}{g}\frac{S}{2}\omega^2\left(1+\frac{r}{l}\right) = \frac{W_r}{g}\frac{S}{2}\left(\frac{\pi N}{30}\right)^2\left(1+\frac{r}{l}\right) = W_r\frac{SN^2}{1790}\left(1+\frac{r}{l}\right) \tag{2-21a}$$

取 $r/l=1/4$ 时：

$$I_{ru} = W_r\frac{SN^2}{1440} \tag{2-21b}$$

下冲程中抽油杆柱引起的悬点最大惯性载荷 I_{rd} 为

$$I_{rd} = \frac{-W_r}{g}\frac{S}{2}\omega^2\left(1-\frac{r}{l}\right) = -W_r\frac{SN^2}{1790}\left(1-\frac{r}{l}\right) \tag{2-22}$$

上冲程中液柱引起的悬点最大惯性载荷 I_{Lu} 为

$$I_{Lu} = \frac{W_L}{g}\frac{S}{2}\omega^2\left(1+\frac{r}{l}\right)\varepsilon = W_L\frac{SN^2}{1790}\left(1+\frac{r}{l}\right)\varepsilon \tag{2-23}$$

下冲程中液柱不随悬点运动，因而没有液柱惯性载荷。

上冲程中悬点最大惯性载荷 I_u 为

$$I_u = I_{ru} + I_{Lu}$$

下冲程中悬点最大惯性载荷 I_d 为

$$I_d = I_{rd}$$

实际上由于抽油杆柱和液柱的弹性，抽油杆柱和液柱各点的运动与悬点的运动并不一致。所以，上述按悬点最大加速度计算的惯性载荷将大于实际数值。在液柱中含气比较大和冲数比较小的情况下，计算悬点最大载荷时，可忽略液柱引起的惯性载荷。

2. 振动载荷

抽油杆柱本身为一弹性体，由于抽油杆柱作变速运动和液柱载荷周期性地作用于抽油杆柱，从而引起抽油杆柱的弹性振动，它所产生的振动载荷亦作用于悬点上。其数值与抽油杆柱的长度、载荷变化周期及抽油机结构有关。有关振动载荷的计算问题，将在考虑抽油杆柱弹性时最大载荷的计算方法中介绍。

（三）摩擦载荷

抽油机工作时，作用在悬点上的摩擦载荷受以下因素影响：

（1）抽油杆柱与油管的摩擦力：在直井内通常不超过抽油杆重量的1.5%；

（2）柱塞与衬套之间的摩擦力：当泵径不超过70mm，其值小于1717N；

（3）液柱与抽油杆柱之间的摩擦力：除与抽油杆柱的长度和运动速度有关外，主要取决于液体的黏度；

（4）液柱与油管之间的摩擦力：除与液流速度有关外，主要取决于液体的黏度；

（5）液体通过排出阀的摩擦力：除与阀结构有关外，主要取决于液体黏度和液流速度。

上冲程中作用在悬点上的摩擦载荷是受（1）、（2）及（4）三项影响，其方向向下，故增加悬点载荷。下冲程中作用在悬点上的摩擦载荷是受（1）、（2）、（3）及（5）四项影响，其方向向上，故减小悬点载荷。

在直井中，无论稠油还是稀油，油管与抽油杆柱、柱塞与衬套之间的摩擦力数值都不大，均可忽略。但在稠油井内，液体摩擦所引起的摩擦载荷则是不可忽略的。为了便于研究我国高黏度抽油井的生产特点，下面就与液体摩擦有关的摩擦载荷计算方法做一简介。

1. 抽油杆柱与液柱之间的摩擦力

抽油杆柱与液柱间的摩擦发生在下冲程，摩擦力方向向上，是稠油井内抽油杆下行遇阻的主要原因。阻力的大小随抽油杆柱的下行速度而变化，其最大值可由下面的近似公式来确定：

$$F_{rl} = 2\pi\mu L \frac{m^2-1}{(m^2+1)\ln m-(m^2-1)} v_{max} \tag{2-24}$$

$$m = \frac{d_t}{d_r}$$

式中　F_{rl}——抽油杆柱与液柱之间的摩擦力，N；

L——抽油杆柱长度，m；

μ——井内液体黏度，Pa·s；

m——油管内径与抽油杆直径比；

d_t——油管内径；

d_r——抽油杆直径；

v_{max}——抽油杆柱最大下行速度，m/s。

v_{max} 可按悬点最大运动速度来计算，计算时采用下面的近似公式（把悬点看做简谐运动）：

$$v_{max}=\frac{S}{2}\omega=\frac{\pi SN}{60}$$

$$\omega=\frac{2\pi N}{60}$$

式中　ω——曲柄角速度。

由式(2-24) 看出，决定 F_{rL} 的主要因素是井内液体的黏度及抽油杆柱的运动速度。所以，在抽汲高黏度液体时，不能采用快速抽汲方式，否则将因下行阻力过大抽油杆柱无法正常下行。上述 F_{rL} 的计算中尚未考虑抽油杆接箍的附加阻力，通常采用实验资料确定附加阻力。

2. 液柱与油管间的摩擦力

上冲程时，排出阀关闭，油管内的液柱随抽油杆柱和柱塞上行，液柱与油管间发生相对运动而引起的摩擦力的方向向下，故增大悬点载荷。根据高黏度抽油井现场资料（示功图）的分析，下冲程液柱与抽油杆柱间的摩擦力 F_{rL} 约为上冲程中油管与液柱间摩擦力 F_{rL} 的 1.3 倍。因此，可根据由式(2-24) 计算得的 F_{rL} 来估算 F_{tL}：

$$F_{tL}=\frac{F_{rL}}{1.3} \tag{2-25}$$

如果按作用在柱塞上的液体压力计算液柱载荷时，已经考虑抽汲液体在油管中的流动阻力，则不单独计算 F_{tL}。

3. 液体通过排出阀产生的阻力

在高黏度大产量井内，液体通过排出阀产生的阻力往往是造成抽油杆柱下部弯曲的主要原因，对悬点载荷也会造成不可忽略的影响。

液流通过排出阀时产生压头损失可由下式计算：

$$h=\frac{1}{\xi^2}\frac{v_f^2}{2g}=\frac{1}{\xi^2}\frac{f_p^2}{f_o^2}\frac{v_p^2}{2g} \tag{2-26}$$

式中　h——压头损失，m；

v_f——液体通过阀孔的流速，m/s；

g——重力加速度，m/s^2；

f_p——柱塞截面积，m^2；

f_o——阀孔截面积，m^2；

v_p——柱塞运动速度，m/s；

ξ——由实验确定的阀流量系数，对于常用的标准型阀可查图2-6。

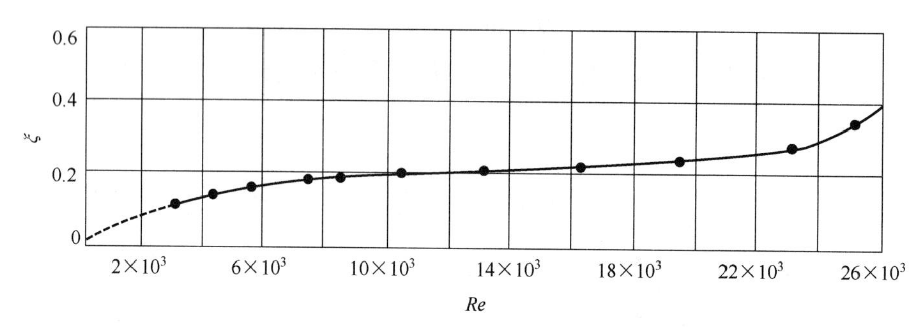

图2-6 标准型阀的流量系数

Re 的计算公式为

$$Re=\frac{d_o v_f}{\nu}$$

式中 *Re*——雷诺数；

d_o——阀孔径，m；

v_f——液流速度，m/s；

ν——液体运动黏度，m^2/s。

在抽汲过程中，通过阀的液流速度随柱塞运动速度而变。如果把柱塞运动速度看作简谐运动，即

$$v_p(t)=\frac{S}{2}\omega\sin\omega t$$

则柱塞最大运动速度为

$$v_p=\frac{S}{2}\omega$$

其中

$$\omega=\frac{\pi N}{30}$$

式中 *S*——光杆冲程，不考虑抽油杆柱的弹性变形时，即为柱塞冲程；

ω——曲柄角速度。

将 v_p 代入式(2-26)，得

$$h=\frac{1}{729}\frac{1}{\xi^2}\frac{f_p^2}{f_o^2}\frac{(SN)^2}{g} \tag{2-27}$$

由于液流通过排出阀的压头损失而产生的柱塞下行阻力为

$$F_v=\rho_L h f_p g=\frac{1}{7.29\times10^2}\frac{\rho_L}{\xi^2}\frac{f_p^3}{f_o^2}(SN)^2 \tag{2-28}$$

式中　F_v——液面通过排出阀所产生的柱塞下行阻力，N；

ρ_L——液体密度，kg/m^3。

（四）抽油过程中产生的其他载荷

一般情况下，抽油杆柱载荷、作用在柱塞上的液柱载荷及惯性载荷是构成悬点载荷的三项基本载荷。在稠油井内的摩擦载荷及大沉没度的井沉没压力对载荷的影响都是不可忽略的。

除上述各种载荷外，在抽油进程中尚有其他载荷，如在低沉没度井内，由于泵的充满程度差，会发生柱塞与泵内液面的撞击，将产生较大冲击载荷，从而影响悬点载荷。各种原因产生的撞击，虽然可能会造成很大的悬点载荷，是抽油中的不利因素，但在进行设计计算时尚无法预计，故在计算悬点载荷时不予考虑。

二、悬点最大和最小载荷

（一）计算悬点最大和最小载荷的一般公式

根据对悬点所承受载荷的分析，抽油机工作时，上、下冲程中悬点载荷的组成不同。最大载荷发生在上冲程，最小载荷发生在下冲程中，其值为[1]

$$P_{max}=W_r+W_L+I_u+P_{hu}+F_u+P_v-P_i \tag{2-29}$$

$$P_{min}=W_r'+I_d-P_{hd}-F_d-P_v \tag{2-30}$$

式中　P_{max}，P_{min}——悬点最大和最小载荷；

W_r，W_r'——上、下冲程中作用在悬点上的抽油杆柱载荷；

W_L——作用在柱塞上的液柱载荷；

P_{hu}、P_{hd}——上、下冲程中井口回压造成的悬点载荷；

F_u、F_d——上、下冲程中的最大摩擦载荷；

P_v——振动载荷；

P_i——上冲程中吸入压力作用在活塞上产生的载荷。

如前所述，在下泵深度及沉没度不很大，井口回压及冲数不甚高的稀油直井内，在计算最大和最小载荷时，通常可以忽略 P_v、F、P_i、P_h 及液柱惯性载荷。此时，根据式(2-29)、式(2-12)、式(2-14) 及式(2-21) 可得

$$P_{max}=W_r+W_L+I_{ru}=[q_rL+(f_p-f_r)L\rho_L]g+\frac{W_rSN^2}{1790}\left(1+\frac{r}{l}\right)$$

展开上式，并令：

$$W_r'=(q_rL-f_rL\rho_L)g$$

$$W_L'=f_pL\rho_Lg$$

则

$$P_{max}=W_r+W_L+\frac{W_r SN^2}{1790}\left(1+\frac{r}{l}\right)=W_r'+W_L'+\frac{W_r SN^2}{1790}\left(1+\frac{r}{l}\right) \tag{2-31}$$

如果取 $r/l=1/4$，则

$$P_{max}=W_r'+W_L'+\frac{W_r SN^2}{1440} \tag{2-31a}$$

根据式(2-30)、式(2-13) 及式(2-22) 可得

$$P_{min}=W_r'+I_{rd}=q_r'Lg-W_r\frac{SN^2}{1790}\left(1-\frac{r}{l}\right) \tag{2-32}$$

(二) 考虑抽油杆柱弹性时悬点最大载荷的计算

前面在考虑抽油杆柱的动载荷时，忽略了抽油杆柱的弹性。实际上，抽油杆柱是弹性体，在抽油过程中必然会发生不同程度的弹性振动。以下介绍考虑抽油杆柱弹性时，计算动载荷的一种简化方法。

抽油机从上冲程开始到液柱载荷加载完毕（即“初变形期”）之后，抽油杆柱带着活塞随悬点做变速运动。在此过程中，除了液柱和抽油杆柱产生的静载荷之外，还会在抽油杆柱上引起动载荷。这种动载荷可以认为由两部分组成：初变形期末抽油杆柱运动引起的自由纵振产生的振动载荷和抽油杆柱做变速运动所产生的惯性载荷。由于抽汲液体一般都具有较大的弹性，而且液柱质量并没有集中作用在柱塞上；另外，根据实测井下泵的示功图及利用实测光杆载荷由计算机计算得到的井下泵的示功图表明：除大泵、高含水、浅井外，液柱一般都不会在柱塞上（即抽油杆下端）产生明显的动载荷。因此，下面讨论中忽略了液柱对抽油杆柱动载荷的影响。

1. 抽油杆柱自由纵振产生的振动载荷

在初变形期末激发起的抽油杆的纵向振动可用下面的微分方程描述：

$$\frac{\partial^2 u}{\partial t^2}=a^2\frac{\partial^2 u}{\partial x^2} \tag{2-33}$$

式中 u——抽油杆柱任一截面的弹性位移（方向向上）；

x——自悬点到抽油杆柱任意截面的距离（方向向下）；

a——弹性波在抽油杆柱中的传播速度，等于抽油杆中的声速；

t——从初变形期算起的时间。

如果坐标原点选在悬点上，该问题便成为求解一端固定、一端自由的细长杆的自由纵振问题。

初始条件 $$u\big|_{t=0}=0,\quad \left.\frac{\partial u}{\partial t}\right|_{t=0}=-v\frac{x}{L}$$

边界条件 $$u\big|_{x=0}=0,\quad \left.\frac{\partial u}{\partial x}\right|_{x=L}=0$$

式中 v——初变形期末抽油杆柱下端（柱塞）对悬点的相对运动速度（油管下端固定时，为初变形期末的悬点运动速度）；

L——抽油杆柱的长度。

用分离变量法在上述初始和边界条件下获得方程的解为

$$u(x,t)=\frac{-8v}{\omega_0\pi^2}\sum_{n=0}^{\infty}\frac{(-1)^n}{(2n+1)^n}\sin(2n+1)\omega_0 t\sin\frac{2n+1}{2}\frac{\pi x}{L} \tag{2-34}$$

其中

$$\omega_0=\frac{\pi}{2}\frac{a}{L}$$

式中　ω_0——自由振动的圆频率。

杆柱的自由纵振在抽油悬点上引起的振动载荷 F_v 为

$$F_v=-Ef_r\left.\frac{\partial u}{\partial x}\right|_{x=0}=\frac{8Ef_r v}{\pi^2 a}\sum_{n=0}^{\infty}\frac{(-1)^n}{(2n+1)^2}\sin(2n+1)\omega_0 t \tag{2-35}$$

式中　f_r——抽油杆截面积；

E——钢的弹性模量。

由上式可看出，悬点的的振动载荷是 $\omega_0 t$ 的周期函数，周期为 2π。$F_v=f(\omega_0 t)$ 随 $\omega_0 t$ 的变化如图 2-7 所示。

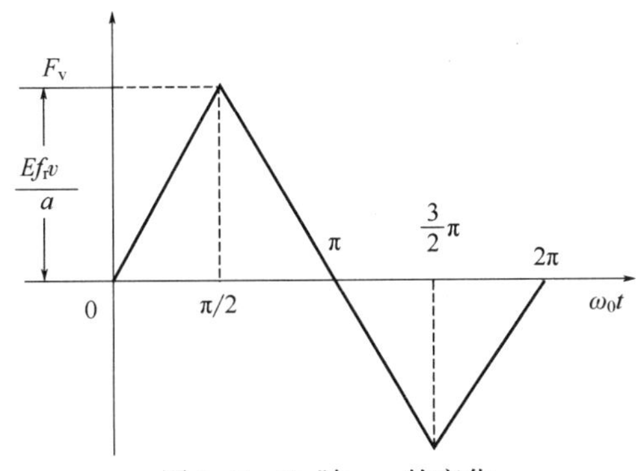

图 2-7　F_v 随 $\omega_0 t$ 的变化

由上述可知，初变形期末激发的抽油杆柱的自由纵振在悬点引起的振动载荷的振幅（即振动载荷的最大值）为

$$F_{vmax}=\frac{Ef_r}{a}v \tag{2-36}$$

最大振动载荷发生在处 $\omega_0 t=\frac{\pi}{2}$，$\frac{5}{2}\pi$，…，实际上由于存在阻尼，振动将会随时间衰减，故最大振动载荷发生在 $\omega_0 t=\frac{\pi}{2}$处，有

$$t_m=\frac{\pi}{2\omega_0}=\frac{L}{a} \tag{2-37}$$

式中　t_m——出现最大振动载荷的时间。

2. 抽油杆柱的惯性载荷

初变形期之后抽油杆柱随悬点做变速运动，必然会由于强迫运动而在抽油杆柱内产生附加的动载荷。为了使问题简化，把强迫运动产生的动载荷只考虑为抽油杆柱随悬点做加速度运动而产生的惯性载荷。惯性载荷的大小取决于抽油杆柱的质量、悬点加速度及其在杆柱上的分布。悬点加速度的变化决定于抽油机的几何结构。实际抽油机的悬点运动规律接近于简谐运动，一般国产抽油机上、下冲程悬点运动不对称，而上冲程较接近于简谐运动。因此，可近似地把悬点运动看做为简谐运动。这样，就可根据下面介绍的方法来确定抽油杆柱的惯性载荷。

简化为简谐运动时，悬点加速度为：

$$a_0=\frac{S}{2}\omega^2\cos\omega t' \tag{2-38}$$

式中 a_0——悬点加速度；

S——冲程；

ω——曲柄角速度；

t'——从上冲程开始算起的时间。

抽油杆柱距悬点 x 处的加速度 a_x 为：

$$a_x=\frac{S}{2}\omega^2\cos\omega\left(t'-\frac{x}{a}\right) \tag{2-39}$$

式中 a——应力波在抽油杆柱中的传播速度。

在 x 处单元体上的惯性力 dF_i 将为：

$$dF_i=\frac{q_r}{2}S\omega^2\cos\omega\left(t'-\frac{x}{a}\right)dx \tag{2-40}$$

式中 q_r——单位长度抽油杆柱的质量，kg/m。

对式(2-40) 进行积分就可得任一时间作用在整个抽油杆柱 L 上的总惯性力 F_i：

$$F_i=\int_0^L\frac{q_rS\omega^2}{2}\cos\omega\left(t'-\frac{x}{a}\right)dx=\frac{Ef_r}{a}\frac{s}{2}\omega\left[\sin\omega t'-\sin\omega\left(t'-\frac{L}{a}\right)\right] \tag{2-41}$$

由式(2-41) 看出：抽油杆柱的惯性力并不正比于加速度的瞬时值，而是正比于在$\frac{L}{a}$期间悬点速度的增量。当 $\omega t'<\frac{\pi}{2}+\frac{\omega L}{2a}$时，抽油杆柱的惯性力随 t'而减小；当 $\omega t'=\frac{\pi}{2}+\frac{\omega L}{2a}$时，抽油杆柱的惯性力等于零；当 $\omega t'>\frac{\pi}{2}+\frac{\omega L}{2a}$时，惯性力改变方向，其绝对值随 t'增大。

3. 悬点最大载荷

初变形期后，悬点载荷 P 是抽油杆柱载荷、液柱载荷、及惯性载荷叠加而成，即

$$\begin{aligned}P&=W_r'+W_L'+F_v+F_i\\&=W_r'+W_L'+\frac{8Ef_rv}{a\pi^2}\sum_{n=0}^{\infty}\frac{(-1)^n}{(2n+1)^2}\sin(2n+1)\omega_0t+\\&\quad\frac{Ef_r}{a}\frac{S}{2}\omega\left[\sin\omega(t_0+t)-\sin\omega\left(t_0+t-\frac{L}{a}\right)\right]\end{aligned} \tag{2-42}$$

其中 $$t'=t_0+t$$

式中 t_0——初变形期经历的时间。

如前所述，W_r'、W_L'不随时间变化，F_v 随时间周期性变化 F_i 在 $\omega(t_0+t)<\frac{\pi}{2}+\frac{\omega L}{2a}$时随 t 而减小。取最大振动载荷出现的时间 $t_m=\frac{L}{a}$为悬点出现最大载荷的时间。将 $t=t_m$ 代入式(2-42) 就可得到计算悬点最大载荷 P_{max} 的公式：

$$P_{max}=W_r'+W_L'+\frac{Ef_r}{a}v+\frac{Ef_r}{a}\times\frac{S}{2}\omega\left[\sin\omega\left(t_0+\frac{L}{a}\right)-\sin\omega t_0\right] \tag{2-43}$$

1）油管下端固定

在油管下端固定的情况下，初变形期末柱塞对悬点的相对运动速度等于悬点运动速度，即

$$v=v_{\lambda r}=\frac{s}{2}\omega\sin\alpha_{\lambda r} \tag{2-44}$$

其中 $$\alpha_{\lambda r}=\omega t_0$$

式中 $v_{\lambda r}$——油管下端固定时，初变形期末的悬点速度；

$\alpha_{\lambda r}$——油管下端固定时，初变形期末的曲柄转角。

将式(2-44) 代入式(2-43) 可得油管下端固定时悬点最大载荷的计算公式：

$$P_{max}=W_r'+W_L'+\frac{Ef_r}{a}\ \frac{S}{2}\omega\sin\left(\alpha_{\lambda r}+\frac{\omega L}{a}\right) \tag{2-45}$$

由于油管下端锚定时初变形期末悬点位移等于抽油杆柱在液柱载荷作用下的静伸长 λ_r，故

$$\lambda_r=\frac{S}{2}(1-\cos\alpha_{\lambda r})$$

则

$$\alpha_{\lambda r}=\cos^{-1}\left(1-\frac{2\lambda_r}{S}\right)$$

考虑到下冲程末由于杆柱的惯性载荷，使抽油杆已经预先加载，初变形期使抽油杆伸长的力为（$W_L'-F_{io}$）。根据胡克定律：

$$\lambda_r=\frac{(W_L'-F_{io})L}{Ef_r}$$

式中，F_{io} 为上冲程开始时（$t'=0$）抽油杆柱的惯性力，由式(2-41) 得

$$F_{io}=\frac{Ef_r}{a}\ \frac{S}{2}\omega\sin\left(\omega\ \frac{L}{a}\right)$$

2）油管下端未固定

在油管下端未固定的情况下，由于初变形期油管和抽油杆柱都处于变形过程之中，

从而延缓了加载过程，延长了初变形期经历的时间。初变形期末悬点位移等于抽油杆柱和油管静变形之和，即

$$\lambda=\lambda_t+\lambda_r=\frac{S}{2}(1-\cos\alpha_\lambda)$$

则

$$\alpha_\lambda=\cos^{-1}\left(1-\frac{2\lambda}{S}\right)$$

$$\lambda=\lambda_r+\frac{W_L'L}{Ef_t}$$

式中 λ_t——油管在液柱载荷作用下的静伸长；

α_λ——油管下端未固定时，初变形期末的曲柄转角；

f_t——油管金属部分的截面积。

油管下端未固定时，初变形期末悬点运动速度：

$$v_\lambda=\frac{S}{2}\omega\sin\alpha_\lambda$$

油管下端未固定时，初变形期末柱塞对悬点的相对运动速度将小于悬点运动速度，并且

$$v=\psi\cdot v_\lambda=\psi\frac{S}{2}\omega\sin\alpha_\lambda \tag{2-46}$$

其中

$$\psi=\frac{f_r}{f_r+f_t}$$

式中 ψ——变形分布系数。

令 $\omega t_0=\alpha_\lambda$，连同式(2-47) 代入式(2-44) 就得到油管下端未固定时计算最大载荷的公式：

$$P_{max}=W_r'+W_L'+\frac{Ef_r}{a}\frac{S\omega}{2}\left[\sin\left(\alpha_\lambda+\frac{\omega L}{a}\right)-(1-\psi)\sin\alpha_\lambda\right] \tag{2-47}$$

对比式(2-45) 和式(2-47) 可以看出，油管下端未固定时，计算最大载荷的公式要比下端固定时的公式复杂些。为了简化计算，油管下端未固定时，也可采用式(2-45) 来进行近似计算。一般情况下，两个公式计算得到的动载荷之差不超过10%，而最大载荷之差则小于 3%，所以，油管下端未固定时，也可采用计算简便式(2-45) 来计算最大载荷。

第三节　游梁式抽油机的平衡理论

如果抽油机没有平衡块，当电动机带动抽油机运转时，由于上冲程中悬点承受着最大载荷，所以电动机必须做很大的功才能使驴头上行；而下冲程中，抽油杆在其自重作用下克服浮力下行，这时电动机不仅不需要对外做功，反而接受外来的能量做负功。这

就造成了抽油机在上下冲程中的不平衡。

不平衡造成的后果是：（1）上冲程中电动机承受着极大的负荷，下冲程中抽油机反而带着电动机运转，从而造成功率的浪费，降低电动机的效率和寿命；（2）由于负荷极不均匀，会使抽油机发生激烈振动，而影响抽油装置的寿命；（3）会破坏曲柄旋转速度的均匀性，而影响抽油杆和泵的正常工作。因此，抽油机必须采用平衡装置。

一、平衡原理

抽油机之所以不平衡，是因为上下冲程中悬点载荷不同，造成电动机在上下冲程中所做的功不相等。要使抽油机在平衡条件下运转，就应使电动机在上下冲程中都做正功；在下冲程中把能量储存起来；在上冲程中利用储存的能量来帮助电动机做功。下面用一个最简单的机械平衡方式来说明这种可能性和达到平衡的基本条件。[5]

在抽油机后梁上加一重物，在下冲程中让抽油杆自重和电动机一起对重物做功，则

$$A_w = A_d + A_{md}$$

式中 A_w——下冲程中抽油杆自重和马达对重物所做的功，即重物储存的功；

A_d——抽油杆柱对重物所做的功，即悬点在下冲程中做的功；

A_{md}——电动机在下冲程中对重物做的功，即电动机在下冲程中做的功。

由上式可得

$$A_{md} = A_w - A_d$$

在上冲程中，将重物储存的能量释放出来和电动机一起对悬点做功，则

$$A_u = A_w + A_{mu}, A_{mu} = A_u - A_w$$

式中 A_u——上冲程悬点做的功；

A_{mu}——上冲程电动机做的功。

要使抽油机平衡，应该让电动机在上下冲程中做的功相等，即

$$A_{md} = A_{mu}$$

所以

$$A_w - A_d = A_u - A_w$$

为达到平衡，下冲程需要对重物作的功和上冲程中需要重物释放的能量为

$$A_w = \frac{A_u + A_d}{2} \tag{2-48}$$

上式说明：为了使抽油机平衡运转，在下冲程中需要储存的能量应该是悬点在上下冲程中所做功之和的一半。式(2-48）是进行平衡计算的基本公式。

二、平衡方式

为了把下冲程中抽油杆自重做的功和电动机输出的能量储存起来，可以采用不同的

平衡方式。目前采用的有气动平衡和机械平衡。

(一) 气动平衡

在下冲程中，通过游梁带动的活塞压缩气包中的气体，把下冲程中作的功储存成为气体的压缩能。上冲程中被压缩的气体膨胀，将储存的压缩能转换成膨胀能帮助电动机做功。

气动平衡多用于大型抽油机。这种平衡方式不仅可以大量节约钢材，而且可以改善抽油机的受力情况，但平衡系统的加工制造质量要求高。

(二) 机械平衡

在下冲程中，以增加平衡重块的位能来储存能量；在上冲程中平衡重降低位能，来帮助电动机作功。机械平衡有三种方式。

(1) 游梁平衡：在游梁尾部加平衡重，适用于小型抽油机。

(2) 曲柄平衡（旋转平衡）：平衡重加在曲柄上，适用于大型抽油机。

(3) 复合平衡（混合平衡）：在游梁尾部和曲柄上都有平衡重，是上述两种方式的组合，多用于中型抽油机。

三、平衡计算

由式(2-48) 可知抽油机平衡条件是，在一个抽汲循环中，重物在下冲程中储存的能量或上冲程中帮助电动机所做的功，应等于上冲程和下冲程悬点做功之和的一半。[6]

上冲程中悬点所做的功：

$$A_u=(W_r'+W_L')S$$

下冲程中悬点所做的功：

$$A_d=W_r'S$$

由于惯性载荷在上冲程和下冲程中所做的总功等于零，所以在 A_u 和 A_d 中没有考虑惯性力。

将 A_u 及 A_d 代入式(2-48) 得

$$A_w=\frac{A_u+A_d}{2}=\frac{(W_r'+W_L')S+W_r'S}{2}=\left(W_r'+\frac{W_L'}{2}\right)S \quad (2-49)$$

下面就来讨论在不同平衡方式下，采用多大的平衡力才能使下冲程中存储的能量，或上冲程中平衡重所做的功等于 $(W_r'+W_L'/2)S$。

(一) 复合平衡

复合平衡如图 2-8 所示。

达到平衡所需要的平衡半径公式为：

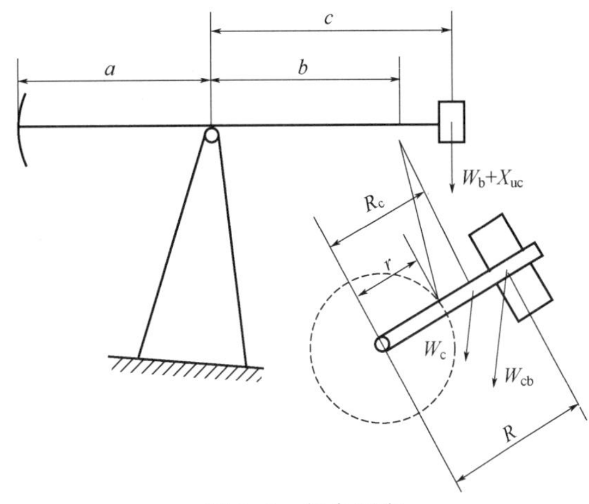

图 2-8 复合平衡

$$R=(W_r'+W_L')\frac{a}{b}\ \frac{r}{W_{cb}}-\frac{c}{b}\ \frac{X_{uc}}{W_{cb}}-\frac{c}{b}\ \frac{W_b}{W_{cb}}r-R_c\ \frac{W_c}{W_{cb}} \tag{2-50a}$$

或

$$R=(W_r'+W_L')\frac{a}{b}\ \frac{r}{W_{cb}}-(X_{uc}+W_b)\frac{c}{b}\ \frac{r}{W_{cb}}-R_c\ \frac{W_c}{W_{cb}} \tag{2-50b}$$

式中 R——曲柄平衡块重心到曲柄轴的距离，称平衡半径；

W_{cb}——曲柄平衡块总重；

R_c——曲柄本身的重心到曲柄之距离；

W_c——曲柄自重（两块）；

r——曲柄销至曲柄之距离，称曲柄半径，取决于采用的悬点冲程；

X_{uc}——抽油机本身的不平衡值，是折算到尾轴承处的附加平衡力；

W_b——游梁平衡块重。

（二）曲柄平衡

曲柄平衡如图 2-9 所示。

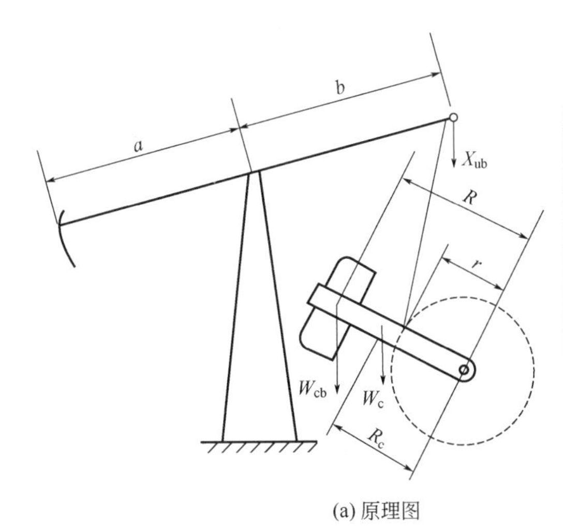

(a) 原理图

(b) 实物图

图 2-9 曲柄平衡

达到平衡所需要的平衡半径的计算公式为

$$R=(W_r'+W_L'/2)\frac{a}{b}\frac{r}{W_{cb}}-r\frac{X_{ub}}{W_{cb}}-R_c\frac{W_c}{W_{cb}} \tag{2-51}$$

曲柄平衡通常是通过改变平衡半径 R 来调节平衡。

（三）游梁平衡

游梁平衡如图 2-10 所示。

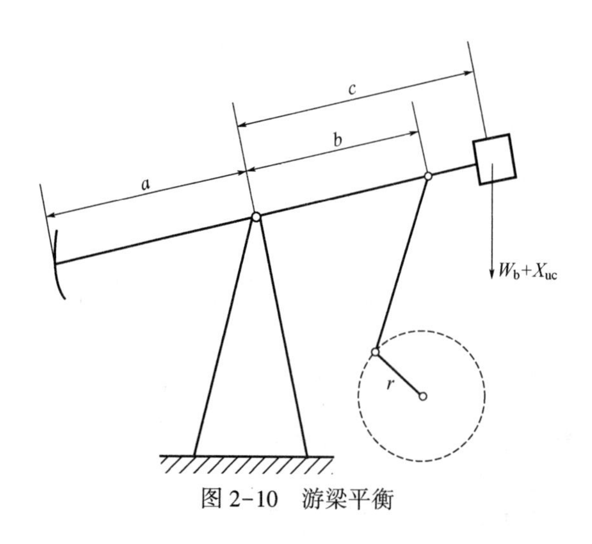

图 2-10　游梁平衡

达到平衡所需要的游梁平衡块重为

$$W_b=\left(W_r'+\frac{W_L'}{2}\right)\frac{a}{c}-X_{uc} \tag{2-52}$$

式中　X_{uc}——抽油杆本身的不平衡值，是折算到游梁平衡块重心位置的附加平衡力，可查生产厂提供的说明书。

上面介绍的只是以上、下冲程中电动机做的功相等作为平衡标准进行计算的方法。在实际工作中都不便于按此标准检验和调整平衡。为此，在检验和调整平衡时，大多采用上、下冲程的扭矩或电流峰值相等作为平衡条件。

四、抽油机平衡检验方法

没有抽油机在工作时能始终处于平衡状态，生产过程中油层情况、油井情况及油井工作制度的改变都会破坏抽油机原来的平衡。因而，在油井生产过程中要定期检查和及时调整抽油机的平衡。常用的检验抽油机平衡的方法包括：

（1）测量驴头上、下冲程的时间。抽油机在平衡条件下工作时上冲程和下冲程所用的时间是相同的。如果上冲程快，下冲程慢，说明平衡过量，则应减小平衡重或平衡半径 R；反之，则应增加平衡重或平衡半径。

（2）测量上、下冲程中的电流。抽油机在平衡条件下工作时上、下冲程的电流峰值应相等。如果上冲程的电流峰值大于下冲程的电流峰值（$I_u>I_d$），说明平衡不够，应增加平衡重量或增大平衡半径 R；反之，则应减小平衡重量或平衡半径 R。

习　题

1. 试推导游梁式抽油机的悬点运动简化为简谐运动时悬点的运动规律。

2. 绘图描述游梁式抽油机的悬点运动简化为曲柄滑块机构时悬点的运动规律。

3. 写出游梁式抽油机的悬点运动简化为曲柄滑块机构时悬点位移、速度和加速度公式。

4. 游梁式抽油机悬点受到哪几类载荷？

5. 写出下冲程作用在悬点上的抽油杆柱载荷方程。

6. 沉没压力对悬点载荷有什么影响？

7. 直径 19mm 抽油杆在相对密度 0.86 的液态中每米杆柱重量为多少？

8. 写出计算悬点最大和最小载荷的一般公式，并说明其中每一个变量的含义？

9. 抽油机工作时，作用在悬点上的摩擦载荷受哪几部分影响？

10. 抽油机工作不平衡会造成什么样的后果？

11. 抽油机在上下冲程时为什么会出现不平衡的现象？

12. 游梁式抽油机的平衡方式有哪几种？并阐述其平衡原理。

13. 检验和调整平衡时，一般采用什么作为平衡条件？

14. 简述抽油机平衡检验方法。

参考文献

[1] 张琪. 采油工程原理与设计［M］. 北京：石油工业出版社，2001：100-121.

[2] 崔政华，余国安，等. 有杆抽油系统［M］. 石油工业出版社，1994.

[3] 邬亦炯，刘卓钧，等. 抽油机［M］. 石油工业出版社，1994.

[4] 万仁溥. 采油技术手册（修订本）：第四分册［M］. 石油工业出版社，1993.

[5] 赵可远. 影响游梁式抽油机平衡率因素研究［J］. 中国石油和化工标准与质量，2014.

[6] 徐新河，郑德贵，李海东. 抽油机平衡度理论计算原理及载荷选用［J］. 机械研究与应用，2014.

第三章　有杆抽油系统优化设计及机械采油方式优选

第一节　概　　述

有杆泵采油系统由油层、井筒举升和地面抽油机三个子系统组成，结构简单、适应性强、成本低，是油气开采的主要方式。合理设计有杆抽油系统的工作制度、提高有杆抽油系统效率，对于经济高效地开采油气资源非常重要。采油过程中地层压力下降，含水率上升，生产气油比降低，使三个子系统之间协调关系被破坏，会出现泵排量与地层供液能力不匹配、大马拉小车、抽油机平衡状态变差等问题，导致系统效率降低。要使有杆抽油系统稳定高效地生产，必须通过优化设计，使三个子系统相互协调工作。

有杆抽油系统优化设计的目标是使油层、井筒举升和地面抽油机三个子系统协调生产，从而达到提高有杆抽油系统效率、延长泵检周期的目的。其设计思路是从产层流入动态入手，依据配产或设计产量确定井底流压，结合套压拟合油套环空压力梯度确定动液面深度，进而确定泵挂深度，合理设计组合杆柱，预测动态参数，利用预测示功图进行抽油机条件平衡，达到系统协调生产的目的。[1]

有杆抽油系统设计主要是选择机、杆、泵、管及抽汲参数，并预测其工况指标，使整个系统高效而安全的工作[2]。本章定义的有杆抽油系统优化设计通常包括：选择正确型号的抽油机、减速箱以及所使用的最佳抽汲参数（柱塞尺寸、冲程长度、冲次、杆柱设计的综合）。如果已知工作状态（载荷、扭矩等），则可选择出抽油机和减速箱的型号。

计算有杆泵的产液量在于从地面数据中精确地确定地下柱塞的冲程长度。对地面泵（即钻井泵）而言，所需柱塞尺寸、冲程长度、冲次的计算很简单。这是因为泵排量是这些变量的正函数，他们可任意变化。在有杆泵采油的情况下，这种情况则不同，因为地下柱塞的冲程长度远远不等于在地面光杆的冲程长度，所以泵排量不能直接从地面参数中确定，这是有杆抽油系统的基本困难。

本章介绍了有杆抽油系统优化设计方法，也介绍了各种机械采油方式的优选方法。

第二节　有杆抽油系统优化设计方法

一、设计原则

以油藏流入动态为基础，以油藏与有杆抽油设备的协调为原则，最大限度地发挥设备和油藏潜力，使有杆抽油系统高效而安全地工作。

二、设计内容

对刚转为有杆抽油的井和少量需调整抽油机机型的有杆抽油井，需要重新选择抽油机机型。对大部分已经投产的有杆抽油井，抽油机型号不变。对于某型抽油机，设计内容包括：泵型、泵径、冲程、冲次、泵深及杆柱组合和材料，预测相应的抽汲参数下的工况指标，包括载荷、应力、扭矩、功率、产量及电耗等。

三、需要的基础数据

有杆抽油井生产系统设计需要的基础数据如下：

（1）井深，套管直径，油藏压力，油藏温度。

（2）油、气、水密度，油饱和压力，地面脱气原油黏度。

（3）含水率，套压，油压，生产汽油比，设计前油井的产量、流压（或动液面和泵深，或产液指数）。

四、设计方法

有杆抽油系统设计方法可分为不限定产量和给定产量两种情况下的设计。

（一）不限定产量时的设计

不限定产量时的设计，实际上是在一定设备条件下，寻求发挥设备最大潜力的抽油设计方案，其设计步骤如下：

（1）计算 IPR 曲线及最大产量 Q_{max}；

（2）取消小于 Q_{max} 的产量作为初设产量 Q'；

（3）由 IPR 曲线计算初设产量 Q'对应的井底流量；

（4）以井底流压为起始点应用多相管流公式计算井筒中的压力分布及相应的充满系数，直到压力低于保证最低沉没度的压力为止；

（5）由 $\beta - p_i$ 曲线选定充满系数及泵吸入口压力，即可确定出下泵深度；

（6）初设抽油杆直径从井口回压 p_b 向下进行杆—管环空多相流计算，确定液柱载荷；

（7）初设抽油杆直径和初始泵效，确定冲程 s 和冲数 n；

（8）进行杆柱设计，若下泵深度过大而超应力，则减小 Q'转入（3）；

（9）根据设计出的杆柱重新计算泵效及相应的产量 Q''；

（10）若$\frac{Q'-Q''}{Q'}>\varepsilon$，则以（$Q''+Q'$）/2 作为新设计产量 Q'转入（3）；

（11）进行扭矩、功率、电耗等计算，并检查工况指标是否超过设备的额定值，如超过额定值，则再减小 Q'专家转入（3）；

（12）设计结束。

如果更换抽油机型号，则按上述步骤，仍可完成发挥该型抽油机潜力以获得最大产量的设计方案。

（二）给定产量时的设计

这是根据油井的配产任务，寻求为完成规定产量使抽油系统在高效率下工作的有杆抽油方案，其核心是确定合理的抽汲参数。设计步骤与不限定产量时的主要不同点是：

（1）以规定的产量作为设计产量，不再限定先假定产量。

（2）进行杆柱设计时，若杆柱超应力，则应选高强度杆或重新确定能满足规定的抽汲参数组合（主要 D_p、s、n）；若最后仍无法满足，则停止设计，说明配产不合理，有杆抽油方式无法实现配产任务。

（3）如果抽油机超扭矩和超载荷，则可更大型抽油机，重新进行设计。

（4）能够基本满足规定产量的抽汲参数可能会有多种组合，则应以系统的效率高、能耗低作为抽汲参数的选择依据。[3-5]

第三节　机械采油方式优选

一、机械采油方式的优缺点

各种机械采油方式有自身的适用条件和优缺点。

（一）有杆抽油泵采油方式

目前，有杆抽油泵采油方式在世界上占主导地位。优点是技术成熟，工艺配套和技术进步很快，设备装置耐用，故障率低，其下泵深度和排量能覆盖大多数油井[6]。泵径已形成 24~100mm 系列，每日最高产油量达 410m^3。其缺点是抽深和排量都不如水力泵和射流泵，单独排量不如电动潜油泵。对于出砂、高气油比、结蜡或流体中含有腐蚀性物质的井都会降低容积效率和使用寿命。整个系统的薄弱环节是抽油杆，这种细长的抽油杆在不同腐蚀程度的工作环境中承受着较大的交变载荷，由于腐蚀、磨蚀和疲劳的伤害，使故障率升高。

（二）地面驱动螺杆泵采油方式

地面驱动螺杆泵采油方式工艺配套基本完善，其抽深可达1700m，最高日排液可达250m^3。优点是地面设备体积小，对砂、气不敏感，能适应高气油比，出砂井，较高黏度的油井。其缺点是泵的定子橡胶对环境影响敏感，制造工艺还需改进，目前使用的常规实心抽油杆不适应传递大功率扭矩，故障率高，需要发展与之配套的传递扭矩的空心抽油杆。地面驱动螺杆泵采油系统的设计、诊断和生产测试等管理技术还需完善。

综合国内外有关资料，将各种机械采油方式的适应性整理为表3-1。

表3-1　国内外机械采油方式的适应性及目前达到的水平

对比项目	条件	有杆抽油泵	地面驱动螺杆泵
排量，m^3/d	正常范围	2~150	10~150
	最大值	300（中），410（美）	350
泵深，m	正常范围	<3000	<1500
	最大值	4420	1700
井下状况	小井眼	磨损严重	适宜
	分层措施	一般	一般
	斜井	一般	一般
地面环境	海上、市区	不适宜	一般
	气候恶劣边远地区	一般	一般
操作问题	高汽油比	一般	较好
	重油	一般	适宜
	出砂	不适应	适宜
	高凝油	不适应	适宜
	腐蚀	不适应	一般
	结垢	不适应	一般
维修问题	检泵	工作量较大	工作量较大
	免修期	平均1~2年	平均1~1.5年
	自动控制	适宜	适应
	生产测试	一般	一般
	灵活性	一般	适应

二、优选机械采油方式的原则及方法

（一）优选机械采油方式的原则

为使油井发挥最大经济效益，优选机械采油方式时必须综合考虑以下原则：

（1）油井产能。

根据本区块相同开发层位的油井产量，或通过试井确定油井的产能。

（2）油井预期产气量。

油井的产气量或气液比大，会影响泵效，甚至对有杆抽油井造成气锁。如果井液的气液比过高但产量不高，可以选用螺杆泵，但必须在井下安装设计合理的气锚或放套管气等其他防气措施。

（3）油层深度。

油层深度对有杆抽油泵的抽油杆强度有直接影响，有杆抽油泵下泵深度一般不超过3000m，地面驱动螺杆泵下泵深度一般不宜超过1500m。

（4）灵活性。

当油层压力和井底流压变化时，均可导致油井产能变化；出砂和出水等因素需对油井的工作制度调整。所以，要求机械采油方式能适应这些变化。通常有杆抽油泵的灵活性较大，地面驱动螺杆泵的灵活性略差。

（5）地理位置。

油井所处的地理位置，如海上、高山、市区、农田中的油井，不宜使用有杆抽油泵，市区比较适宜应用占地面积小和噪声小的地面驱动螺杆泵。

（6）原油黏度。

目前，大部分稠油都用有杆泵升采，而地面驱动螺杆泵更适宜举升高黏度的原油。

（7）油井在生产中可能遇到的问题。

① 出砂：油井出砂会冲蚀机械采油井下设备，起泵困难。这时应选用螺杆泵，并须采取防砂措施。

② 结蜡：油层、油管、井口和出油管线结蜡，势必造成泵效降低或不能正常工作。因此，必须清蜡或防蜡。这时，应首选螺杆泵。

③ 结垢：结垢会缩小油管内径，泵效降低。

④ 腐蚀：井液中的硫化氢、二氧化碳、高浓度的地层盐水及其他氧化物，均可引起井下金属腐蚀，硫化氢引起的氢脆，会加速抽油杆的损坏。如果井下腐蚀比较严重，必须采取有效的防腐措施或用耐腐蚀材料制造井下设备。

⑤ 井底温度：井下高温会缩短螺杆泵定子橡胶使用寿命，降低工作性能，因此当井下温度大于150°C时，要优先考虑选用有杆抽油泵。

⑥ 地面气候：恶劣的地面气候也会影响油井的生产。酷热的气候也会使地面设备过热，应配备专门的冷却设备。严寒的气候会使油料冷凝和电器接头脆裂，必须采取绝缘和加热保温措施。另外在易遭受风害的地区，因大风带来的尘土或积雪会损坏地面设备，也应引起足够的重视。

（8）操作人员的素质。

操作人员的技术水平直接影响机械采油方式的应用效果。在同样条件下，应选用操作人员熟悉、能接受的技术。

（9）其他原则。

油井的生命周期中，应尽量避免多次改变机械采油方式，以免降低经济性，并应从节能、安全、环保等方面综合考虑。

（二）优选机械采油方式的方法

优选机械采油方式的流程如图3-1所示。

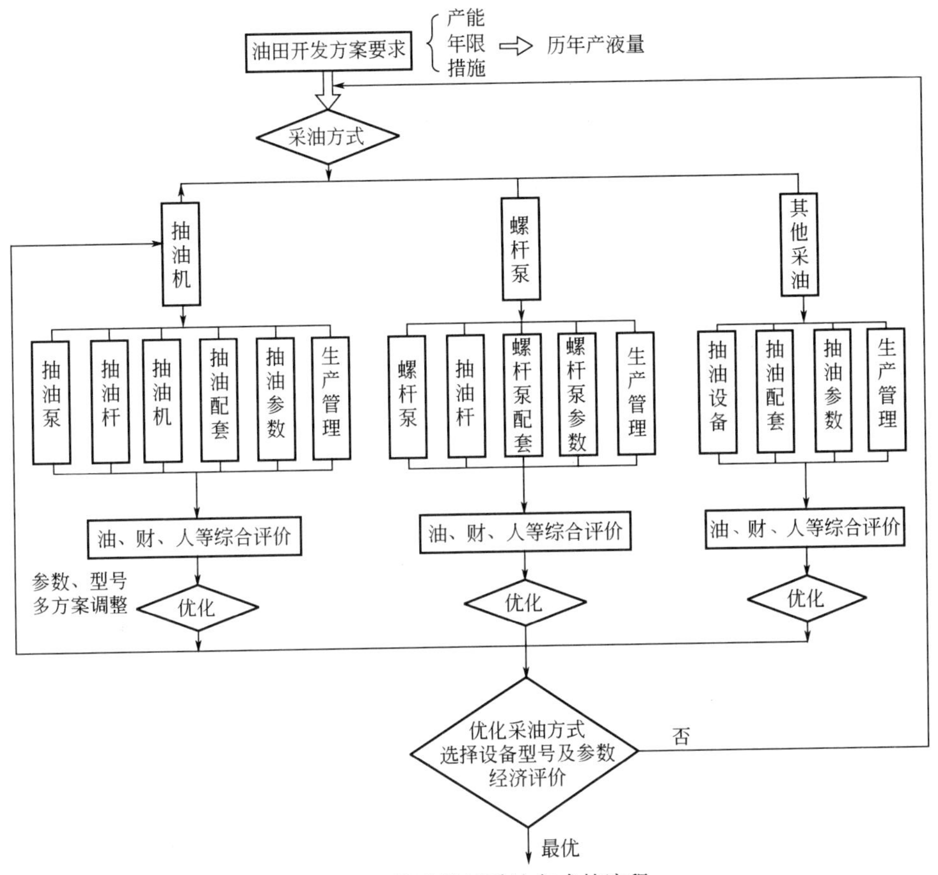

图3-1　优选机械采油方式的流程

优选机械采油方式的方法有很多，现仅介绍使用较为广泛的方法。

1. 等级综合参数加权法

等级综合参数加权法用等级方法综合评价机械采油的主要指标，在考虑技术、工艺、使用、经济和社会等诸多因素的基础上，选出较为合适的机械采油方式。机械采油方式的综合参数可细分为两组局部参数。

（1）一组用来评价某种机械采油方法成功应用的可能性，用X表示。采用五级评估系数，$X=4$为优秀，$X=3$为良好，$X=2$为及格，$X=1$为差，$X=0$为不可能。

（2）另一组用来表征某种机械采油方法的复杂性、基建投资费用、钢材耗量等因素，用Y表示。采用三级评估系数，即$Y=3$为上等，$Y=2$为中等，$Y=1$为下等。

等级综合参数用Z表示，计算如下：

$$Z=\sqrt{\overline{X}\overline{Y}} \tag{3-1}$$

$$\overline{X}=n\sqrt{\prod_{i}^{n}X_i} \tag{3-2}$$

$$\overline{Y}=m\sqrt{\prod_{i}^{m}Y_i} \tag{3-3}$$

式中 Z——评价某种机械采油的综合参数值；

X——评价某种机械采油适用性的局部综合参数值；

Y——表征某种机械采油有效性的局部综合参数值；

X_i，Y_i——局部参数的评估值；

m，n——局部参数 X、Y 的总数，根据油田的具体情况确定。

表 3-2 和表 3-3 中提供的评估值是指一般情况而言，使用时要根据各油田具体情况做适当调整。具体用法是，首先按油田具体情况选定局部参数项（表中的局部参数可根据具体情况增减），再根据油田工艺技术和管理水平确定评估值，然后用公式计算出各种机械采油适应性和有效性的局部综合参数值，代入公式计算出各种机械采油方式的综合参数，综合参数最高的即为首选机械采油方式。

表 3-2 局部参数 Y 的评估值

局部参数相 Y_i		不同机械采油方式的评估值					
		有杆抽油泵	电动潜油泵	水力活塞泵	气举	螺杆泵	射流泵
Y_1	操作可靠性	3	3	2	2	3	2
Y_2	维护简便性	2	3	1	1	3	1
Y_3	能量利用有效性	2	2	2	1	3	1
Y_4	系统灵活性	3	2	1	2	3	1
Y_5	油井装备简单性	1	2	2	2	3	1
Y_6	初始基建投资的有效性	2	1	2	2	3	2
Y_7	钢材利用率	1	2	1	1	2	1

表 3-3 局部参数 X 的评估值

局部参数相 X_i		不同机械采油方式的评估值					
		有杆抽油泵	电动潜油泵	水力活塞泵	气举	螺杆泵	射流泵
X_1	低产井、低气井	4	1	4	0	4	4
X_2	高产井	3	4	4	4	3	3
X_3	中深井	3	2	4	4	4	3
X_4	长期连续工作	4	4	3	2	2	3

续表

局部参数相 X_i		不同机械采油方式的评估值					
		有杆抽油泵	电动潜油泵	水力活塞泵	气举	螺杆泵	射流泵
X_5	生产测试	3	1	1	4	2	1
X_6	调整产量灵活性	3	3	3	3	3	3
X_7	采油工艺配套水平	4	2	2	3	3	2
X_8	深井举升的有效性	1	3	4	3	0	4
X_9	分采效果	3	2	1	3	2	1
X_{10}	设备温度 70℃以下连续工作	3	3	3	4	3	3
X_{11}	产出液中含杂质 1%以下	2	2	2	4	3	3
X_{12}	水淹油井	3	3	3	2	3	3
X_{13}	强采	3	4	3	2	3	3
X_{14}	产出液中高含蜡量	2	3	3	1	4	3
X_{15}	斜井	3	4	4	4	3	4
X_{16}	气候恶劣边远地区	2	2	4	4	3	4

2. 统计图版法

统计图版法是根据国内外实际资料，统计整理出的主要机械举升方式的经验图版，反映了有杆抽油泵、螺杆泵、电动潜油泵和水力活塞泵等机械采油方式的适应范围，如图 3-2 所示。

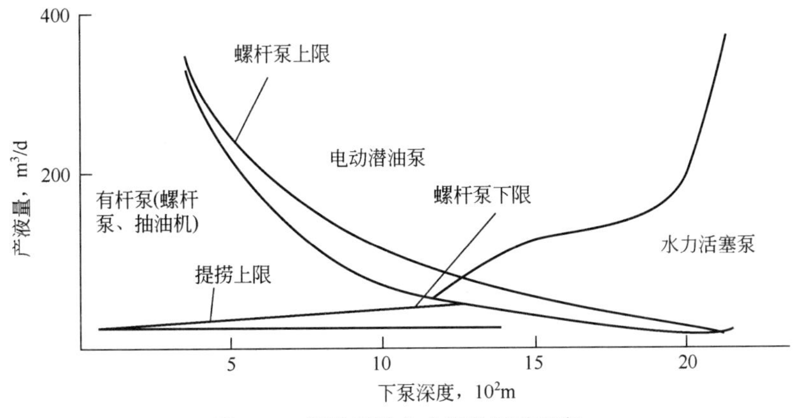

图 3-2　机械采油方式优选经验图版

每一种机械采油设备都有其经济和操作上的局限，为综合考虑其投资、操作成本及设备使用寿命等各种因素，给出几种主要机械采油方式的最佳费用使用范围，如图 3-3 所示。

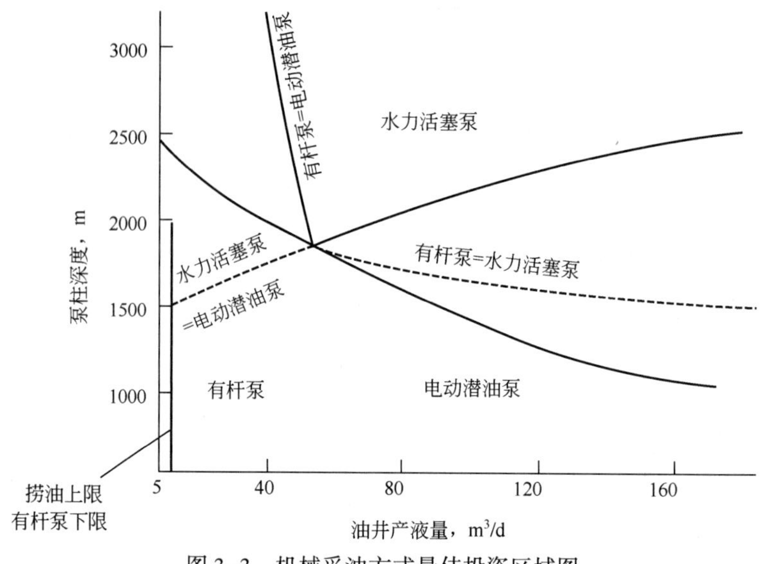

图 3-3　机械采油方式最佳投资区域图

随着油田含水的增加，为了保持稳产，必须增大油井的产液量，采油过程中的产水量会随着产油量的不同而发生变化，把产油量与产水量相加，便可以得到不同生产阶段油井采用某种机械采油方式能够产出的总液量。兼顾油田和油井在开发初期及开发后期可能要求的下泵深度和需要的排液量优选机械采油方式。

结果表明，绝大多数低产井都适合采用有杆抽油泵采油方式，特低产井适合采用捞油方式，中产量井采用水力活塞泵采油方式最为合适，而高产液量主要采用潜油电泵采油方式。

习　题

1. 选择有杆泵采油必须考虑的因素有哪些？
2. 有杆抽油系统优化设计目标是什么？
3. 有杆抽油系统优化设计的内容有哪些？
4. 简述有杆抽油系统优化设计的思路。
5. 简述有杆抽油系统优化设计的原则。
6. 有杆抽油系统优化设计需要哪三类基础数据？
7. 简述有杆抽油系统的两种设计方法。
8. 阐述机械采油方式优选时要考虑的主要因素。
9. 阐述出机械采油方式优选中比较通用的两种方法。
10. 在使用统计版图法时应该注意哪些基本问题？
11. 简述有杆泵抽油采油方式的优缺点。

12. 简述地面驱动螺杆泵采油方式的优缺点。

参考文献

[1] 刘永辉，李颖川，周兴付. 有杆抽油系统优化设计 [J]. 石油钻采工艺. 2007，5（29）：35-36.

[2] 刘合，王广昀，王中国. 当代有杆抽油系统 [M]. 北京：石油工业出版社，2000：162-163.

[3] 张琪. 采油工程原理与设计 [M]. 北京：石油工业出版社，2001：147-148.

[4] 刘合，王广昀，王中国. 当代有杆抽油系统 [M]. 北京：石油工业出版社，2000：163-170.

[5] 刘合，王广昀，王中国. 当代有杆抽油系统 [M]. 北京：石油工业出版社，2000：173-180.

[6] 孙大同，张琪. 有杆抽油泵系统最优化设计的研究 [J]. 石油大学学报，1990：4.

[7] 韩修庭，王秀玲，焦振强. 有杆泵采油原理及应用 [M]. 北京：石油工业出版社. 2007（3）：198-240.

第四章　有杆抽油系统工况分析

有杆抽油系统工况分析的目的是，了解油层生产能力和设备能力以及它们的工作状况，为进一步制定合理的技术措施提供依据，使设备能力与油层能力相适应，充分发挥油层潜力，并使设备在高效率下正常工作，以保证油井高产量、高泵效生产。为此，有杆抽油系统工况分析应包括如下内容：

（1）了解油层生产能力及工作状况，分析是否已发挥了油层潜力，分析、判断油层不正常工作的原因；

（2）了解设备能力及工作状况，分析设备是否适应油层生产能力，了解设备潜力，分析判断设备不正常的原因；

（3）分析检查措施效果。

总之，工况诊断就是分析油层工作状况及设备工作状况，以及它们之间是否协调工作。

第一节　有杆抽油系统生产测试技术

一、液面

静液面是关井后环形空间中液面恢复到静止（与地层压力相平衡）时的液面，如图 4-1 所示。可以用从井口算起的深度 L_s，也可以用从油层中部算起的液面高度 H_s 来表示。与静液面相对应的井底压力就是油藏压力。

动液面是油井生产时油套环形空间的液面。可以用从井口算起的深度 L_f 表示其位置，亦可用从油层中部算起的高度 H_f 来表示其位置。与动液面相对应的井底压力就是井底流动压力。

与静液面和动液面之差（即 $\Delta H=H_s-H_f$）相对应的压力差即为生产压差。

图 4-1 中 h_s 是沉没度，它表示泵沉没在动液面以下的深度，其数值应根据气油比的高低、原油进泵所需的过泵压差大小来确定。

与自喷采油方式不同，有杆泵抽油井一般都是通过液面高度（或深度）的变化，

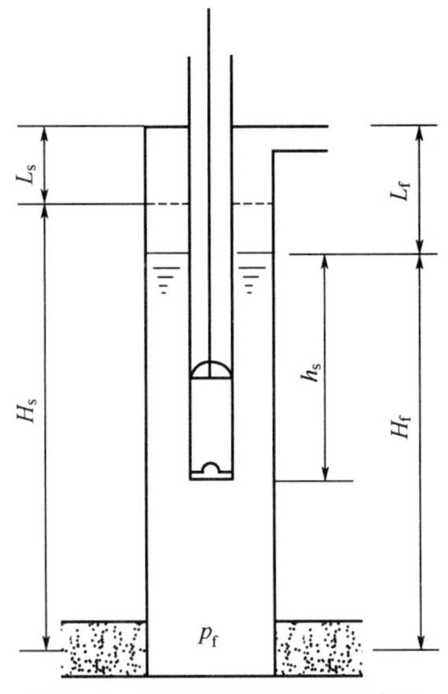

图 4-1　静液面与动液面的位置

来反应井底压力的波动。因此，有杆泵抽油井的流动方程多采用下式来表示：

$$Q=K(H_s-H_f)=K(L_f-L_s) \tag{4-1}$$

式中　Q——油井产油量，t/d；

H_s，L_s——静液面的高度及深度，m；

H_f，L_f——动液面的高度及深度，m；

K——采油指数，t/(d·m)。

由式(4-1) 可得

$$K=\frac{Q}{L_f-L_s}=\frac{Q}{H_s-H_f} \tag{4-2}$$

由式(4-2) 可看出，采油指数表示单位生产压差下油井的日产油量。

在测量液面时，往往套管压力并不等于零，有时在 1MPa 以上。此时，在不同套压下测得的液面并不直接反映井底压力的高低。为了消除套管压力的影响，便于对不同资料进行对比，这里提出一个“折算液面”的概念，即把在一定套压下测得的液面折算成套管压力为零时的液面：

$$L_{fc}=L_f-\frac{p_c}{\bar{\rho}_o g}\times 10^6 \tag{4-3}$$

式中　L_{fc}——折算动液面深度，m；

L_f——在套压为 p_c 时测得的动液面深度，m；

p_c——测液面时的套管压力，MPa；

g——重力加速度，9.81m/s^2；

$\bar{\rho}_o$——环形空间原油密度，kg/m^3。

对于多数井，静液面和动液面，往往是在不同的套管压力下测得的。因此，用式(4-2) 计算采油指数时，应采用折算液面。

二、液面位置的测量

一般都是在井口采用回声仪来测量油井的液面深度，利用声波在环形空间中的传播速度和测得的反射时间来计算其位置。

$$L=vt/2 \tag{4-4}$$

式中 L——液面深度，m；

v——声波传播速度，m/s；

t——声波从井口到液面，然后再返回井口所需要的时间，s。

声波速度可以用不同的方法来确定。

(一) 有音标井

为了确定音速，预先在在测量井油管上已知深度处安装音标。音标位置应在液面以上。根据已知的音标深度 L_1 和测得的音标反射所需时间 t_1 就可确定间速 v：

$$v=\frac{L_1}{t_1/2}$$

将 v 代入式(4-4) 可得

$$L=L_1\frac{t}{t_1} \tag{4-5}$$

图 4-2 为有音标的井内测得的典型声波反射曲线。A 为井口炮响的记录点，B 为声波从音标反射到井口时的记录点，C 为声波从液面反射到井口的记录点。

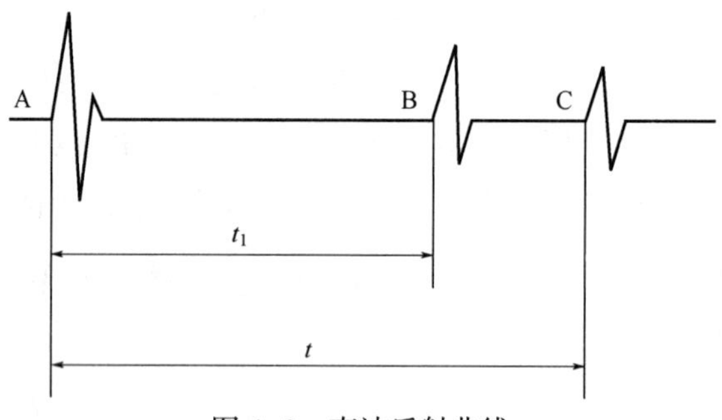

图 4-2 声波反射曲线

(二) 无音标井

有些井预先没有下音标或无法下音标，因此就不能根据测液面的资料直接计算液面深度。在这种井内只要用计算的办法确定声波速度之后，利用测得的液面反射时间就可以由式(4-4) 计算出液面深度。

根据波动理论和声学原理，声波在气体中的传播速度为

$$v=\sqrt{\frac{Kp}{\rho}} \tag{4-6}$$

式中 v——声波速度，m/s；

K——绝热指数；

ρ——在压力 p 下的气体密度，kg/m^3；

p——气体压力，Pa。

利用气体状态方程就可确定式(4-6) 中的ρ：

$$pV=\frac{m}{\mu}ZRT$$

式中 p——压力，Pa；

V——气体体积，m^3；

m——气体质量，kg；

μ——气体相对分子质量，kg/mol；

T——气体绝对温度，K；

R——气体常数，$8.32kg\cdot m^2$；

Z——气体压缩因子。

因为，$\rho=m/V$ 由上式可得

$$\rho=\frac{\mu p}{ZRT} \tag{4-7}$$

将式(4-7) 代入式(4-6)，得

$$V=\sqrt{\frac{ZRTK}{\mu}} \tag{4-8}$$

对多组分的天然气，其相对分子质量μ 应采用按组成百分数计算的加权平均相对分子质量。

利用状态方程，式(4-8) 可进一步简化为

$$v=16.95\sqrt{\frac{T}{\rho_{go}}ZK} \tag{4-8a}$$

式中 ρ_{go}——天然气相对密度（标准状况下）；

v——声波速度，m/s；

T——环形空间气体平均温度，K；

K——天然气绝热指数，可取 1.28~1.29；

Z——气体压缩因子，在低压下，一般可取 1。

三、含水井油水界面及工作制度与含水的关系

含水井正常抽油时，泵吸入口以上的套管环形空间流体不会发生流动。因此，由于

油水密度差而发生重力分异，使泵吸入口以上的环形空间的液柱中不含水，而吸入口以下为油水混合物。故正常抽汲时油水界面稳定在泵的吸入口处（图 4-3）。此时，流动压力可近似地表示为

$$p_f = [(H-L)\bar{\rho}_{Lg}g + h_s\bar{\rho}_o g] \times 10^{-6} + p_c \tag{4-9}$$

式中 p_f——流压，MPa；

H——油层中部深度，m；

L——泵挂深度，m；

h_s——沉没度，m；

g——重力加速度，9.81m/s^2；

$\bar{\rho}_{Lg}$——井内液气混合物平均密度，kg/m^3；

$\bar{\rho}_o$——吸入口以上环形空间油柱平均密度，kg/m^3；

p_c——套压，MPa。

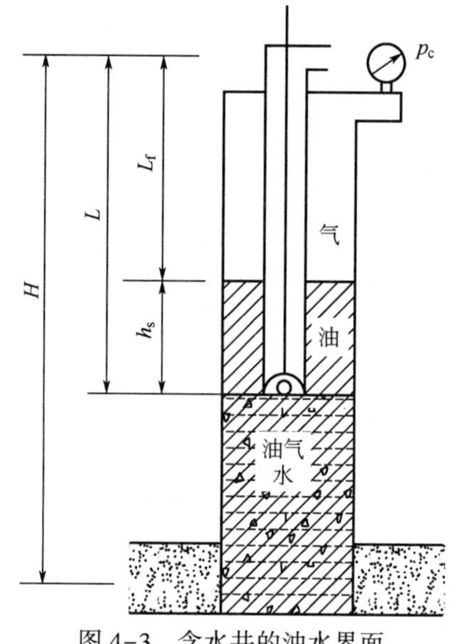

图 4-3 含水井的油水界面

对于低气油比含水油井，可采用在泵下加深尾管，增加泵吸入口以上纯油柱的高度，从而降低流压以提高产量。对于低含水高气油比井（除带喷者外），加深尾管则会降低泵的充满系数，导致进入尾管的原油中分离出更多的气体，并全部进入泵内。

抽油井工作制度与含水的变化关系随出水层的情形而有所不同。当油层和水层压力相同（或油水同层）时，油井含水不随工作制度而改变；当出油层压力高于出水层压力时，增大总采液量（降流压），将引起油井含水量的上升；当水层压力高于油层压力时，加大总采液量，将使油井含水量下降。因此，在确定含水井工作制度时，对油水层压力相同及水层压力高于油层压力的井，从经济观点来讲，把产液量增大到设备允许的抽汲量是合理的。同样，也可利用油井在不同工作制度下产液量与含水的变化情况来判

断油水层的压力关系。例如，含水量随采液量的增加而下降时，则说明出水层压力高于出油层压力。在具体分析一口抽油井的含水随工作制度变化时，除了油水层压力的差别外，还要考虑油水层的采油（水）指数的不同所起的作用。

第二节　有杆抽油系统示功图分析

示功图是由载荷随位移的变化关系曲线所构成的封闭曲线图。表示抽油机悬点载荷与位移关系的示功图称为地面示功图或光杆示功图。传统上，从悬绳器夹板之间测取的地面示功图，是现场分析抽油泵工作状况的主要依据。抽油泵生产中受到制造质量，安装质量，以及砂、蜡、水、气、稠油和腐蚀等多种因素的影响，实测示功图有时严重变形。

一、理论示功图及其分析

（一）静载荷作用下的理论示功图

以悬点位移为横坐标，悬点载荷为纵坐标（图 4-4）。

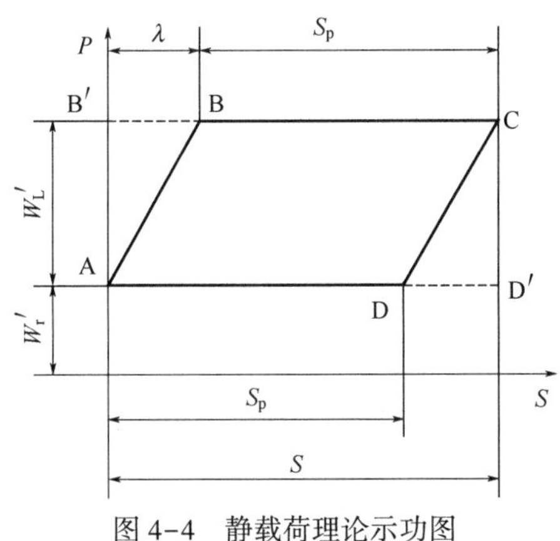

图 4-4　静载荷理论示功图

在下死点 A 处的悬点静载荷为 W_r'，上冲程开始后液柱载荷 W_L'逐渐加在柱塞上，并引起抽油杆柱和油管柱的变形，载荷加完后，停止变形（$\lambda = B'B$）。从 B 点以后悬点以不变的静载荷（$W_r'+W_L'$）上行至上死点 C。

从上死点开始下行后，由于抽油杆柱和油管柱的弹性，液柱载荷 W_L'是逐渐地由柱塞转移到油管上，故悬点逐渐卸载。在 D 点卸载完毕，悬点以固定的静载荷 W_r'继续下行至 A 点。

这样，在静载荷作用下的理论示功图为平行四边形 ABCD。ABC 为上冲程的静载荷变化线。AB 为加载线，加载过程中，排出阀和吸入阀同时处于关闭状态；由于在 B 点加载完毕，变形结束，$\lambda = B'B$，柱塞与泵筒开始发生相对位移，吸入阀也就开始打开而吸入液体。故 BC 为吸入过程，BC = S_p，S_p 为泵的冲程，在此过程中排出阀处于关闭状态。由于在 D 点卸载完毕，变形结束，D′D = λ，柱塞开始与泵筒发生向下的相对位移，排出阀被顶开而开始排出液体。故 DA 为排出过程 DA = S_p，排出过程中吸入阀处于关闭状态。

（二）考虑惯性载荷后的理论示功图

考虑惯性载荷时，把惯性载荷叠加在静载荷上。如不考虑抽油杆柱和液柱的弹性对它们在光杆上引起的惯性载荷的影响，则作用在悬点上的惯性载荷的变化规律与悬点加速度的变化规律是一致的。在上冲程中，前半冲程有一个由大变小的向下作用的惯性载荷（增加悬点载荷）；后半冲程作用在悬点上的有一个由小变大的向上的惯性载荷（减小悬点载荷）。在下冲程中，前半冲程作用在悬点的有一个由大变小的向上的惯性载荷（减小悬点载荷）；后半冲程则是一个由小变大的向下作用（增加悬点载荷）的惯性载荷。因此，由于惯性载荷的影响使静载荷的理论示功图的平行四边形 ABCD 被扭歪成 A′B′C′D′，如图 4-5 所示。

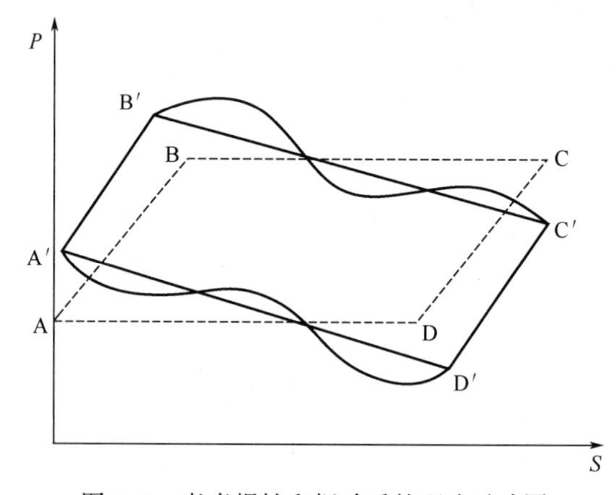

图 4-5　考虑惯性和振动后的理论示功图

考虑抽油杆柱出现振动时，把抽油杆振动引起的悬点载荷叠加在四边形 A′B′C′D′上。由于抽油杆柱的振动发生在黏性液体中，所以为阻尼振动。叠加之后在 B′C′线和 D′A′线上就出现逐渐减弱的波浪线。

二、典型示功图分析

典型示功图是指某一因素的影响十分明显，其形状代表该因素影响下的基本特征的示功图，现场一般用光杆示功图进行分析。不同因素影响下的光杆示功图形状差异较大。

（一）气体和充不满对示功图的影响

图 4-6 为有明显气体影响的典型示功图。

由于在下冲程末余隙内还残存一定数量的溶解气和压缩气，上冲程开始后泵内压力

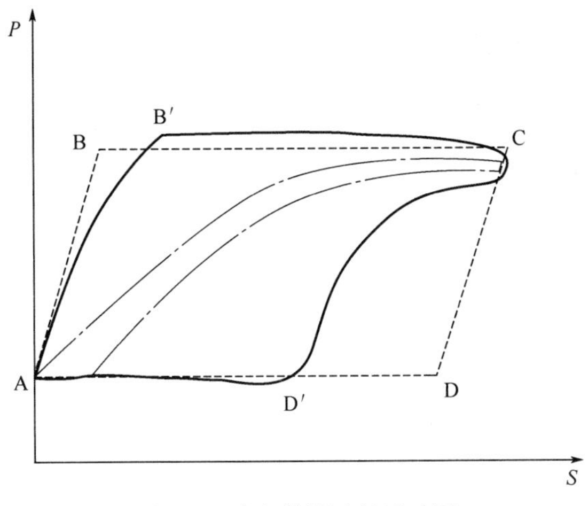

图 4-6　有气体影响的示功图

因气体的膨胀而不能很快降低，使吸入阀打开滞后（B′点），加载变慢。余隙越大，残存的气量越多，泵吸入口压力越低，则吸入阀打开滞后得越多，即 BB′线越长。

下冲程时，气体受压缩，泵内压力不能迅速提高，使排出阀滞后打开（D′点），卸载变慢（CD′）。泵的余隙越大，进入泵内的气量越多，则 DD′线越长，示功图的“刀把”越明显。

气体使泵效降低的数值可用下式近似地计算：

$$\eta_g'=\frac{DD'}{S}$$

而充满系数 β 为

$$\beta=\frac{AD'}{AD}$$

当沉没度过小，供油不足，使液体不能充满工作筒时的示功图如图 4-7 所示。

充不满的图形特点是下冲程中悬点载荷不能立即减小，只有当柱塞遇到液面时，则迅速卸载。所以，卸载线较气体影响的卸载线（图 4-7）上的凸形弧线 CD′陡而直。有

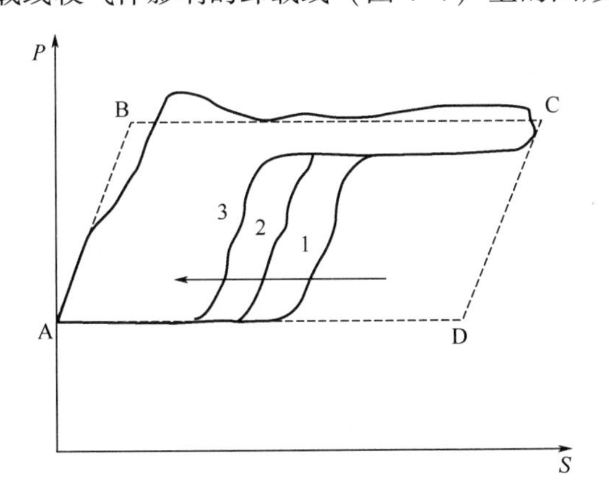

图 4-7　充不满的示功图

时，当柱塞碰到液面时，因振动载荷线会出现波浪。快速抽汲时往往因撞击液面而发生较大的冲击载荷使图形变形得很厉害。

（二）漏失对示功图的影响

1. 排出部分的漏失

上冲程时，泵内压力降低，柱塞两端产生压差，使柱塞上面的液体经排出部分的不严密处（阀及柱塞与衬套的间隙）漏到柱塞下部的工作筒内，漏失速度随柱塞下面压力的减小而增大。由于漏失到柱塞下面的液体有向上的“顶托”作用，所以悬点载荷不能及时上升到最大值，使加载缓慢（图 4-8）。随着悬点运动的加快，“顶托”作用相对减小，直到柱塞上行速度大于漏失速度的瞬间，悬点载荷达到最大静载荷（图 4-8 中的 B′点）。

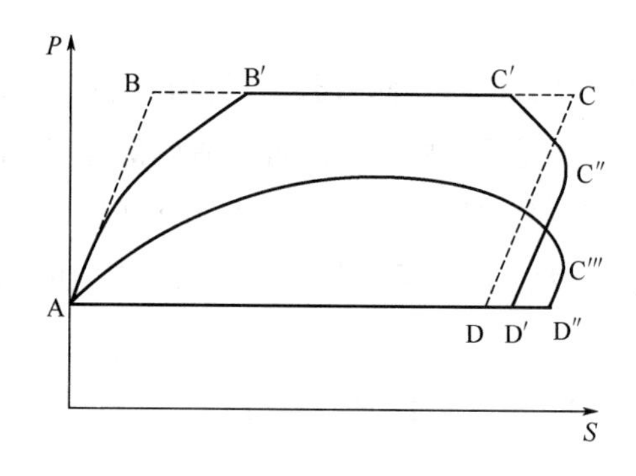

图 4-8　泵排除部分漏失

当柱塞继续上行到后半冲程时，因活塞上行速度又逐渐减慢。在柱塞速度小于漏失速度瞬间（C′）点，又出现了漏失液体的“顶托”作用，使悬点负荷提前卸载。到上死点时悬点载荷已降至 C″点。

由于排出部分漏失的影响，吸入阀在 B′点才打开，滞后了 BB′这样一段柱塞行程；而在接近上冲程时又在 C′点提前关闭。这样柱塞的有效吸入行程 S_{pu} = B′C′，在此情况下的泵效 η=B′C′/S。

当漏失量很大时，由于漏失液体对柱塞的“顶托”作用很大，上冲程载荷远低于最大载荷，如图 4-8AC‴所示，吸入阀始终是关闭的，泵的排量等于零。

2. 吸入部分漏失

下冲程开始后，由于吸入阀漏失使泵内压力不能及时提高，而延缓了卸载过程（图 4-9 的 CD′线）。同时，也使排出阀不能及时打开。

当柱塞速度大于漏失速度后，泵内压力提高到大于液柱压力，将排出阀打开而卸去液柱载荷。下冲程后半冲程中因柱塞速度减小，当小于漏失速度时，泵内压力降低使排出阀提前关闭（A′点），悬点提前加载。到达下死点时，悬点载荷已增加到 AA″。

由于吸入部分的漏失而造成排出阀打开滞后（DD′）和提前关闭（A′A），活塞的有效排出冲程 $S_{ped}=D'A'$。这种情冲下的泵效 $\eta=D'A'/S$。

当吸入阀严重漏失时，排出阀一直不能打开，悬点不能卸载（图 4-10）。

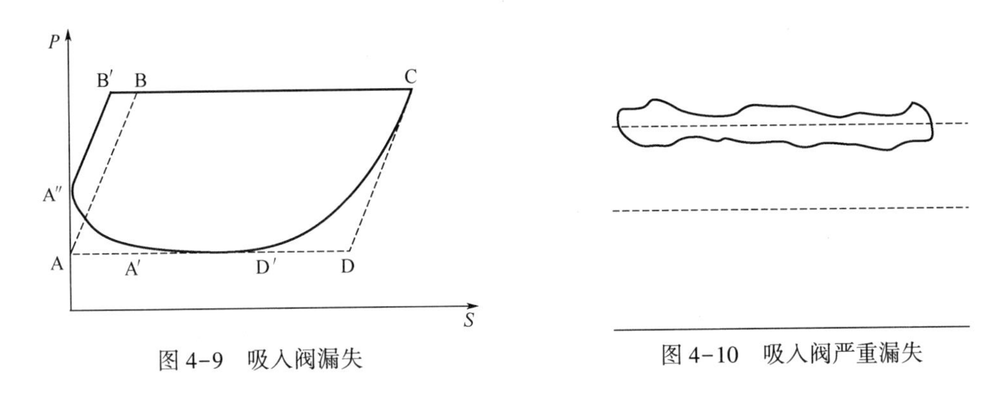

图 4-9　吸入阀漏失　　　　图 4-10　吸入阀严重漏失

吸入部分和排出部分同时漏失时的示功图是分别漏失时的图形的叠合，近似于椭圆形（图 4-11）。

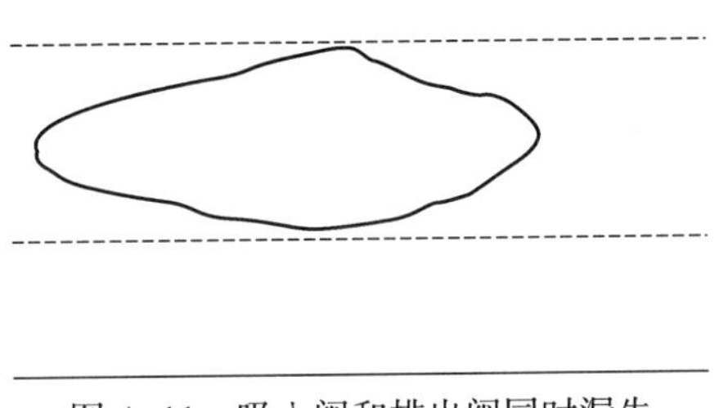

图 4-11　吸入阀和排出阀同时漏失

（三）柱塞遇卡

柱塞在泵筒内被卡死在某一位置时，在抽汲过程中柱塞无法移动而只有抽油杆的伸缩变形，图形形状与被卡位置有关。图 4-12 为柱塞卡在泵筒中部时的实测示功图。上冲程中，悬点载荷先是缓慢增加，将被压缩而弯曲的抽油杆柱拉直，到达卡死点位置后，抽油杆柱受拉而伸长，悬点载荷以较大的比例增加。下冲程中，先是恢复弹性变形，到卡死点后，抽油杆柱被压缩而发生弯曲。所以，在卡死点之前后悬点以不同的比例增载或减载，示功图出现两个斜率段。

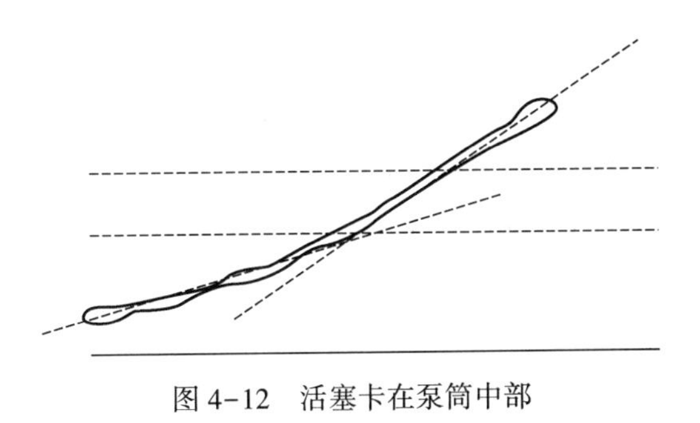

图 4-12　活塞卡在泵筒中部

（四）连抽带喷井的示功图

具有一定自喷能力的抽油井，抽汲实际上只起诱喷和助喷作用。在抽汲过程中，排出阀和吸入阀处于同时打开状态，液柱载荷基本加不到悬点。示功图的位置和载荷变化的大小取决于喷势的强弱及抽汲液体的黏度。图 4-13 和图 4-14 为不同喷势及不同黏度的带喷井的实测示功图。

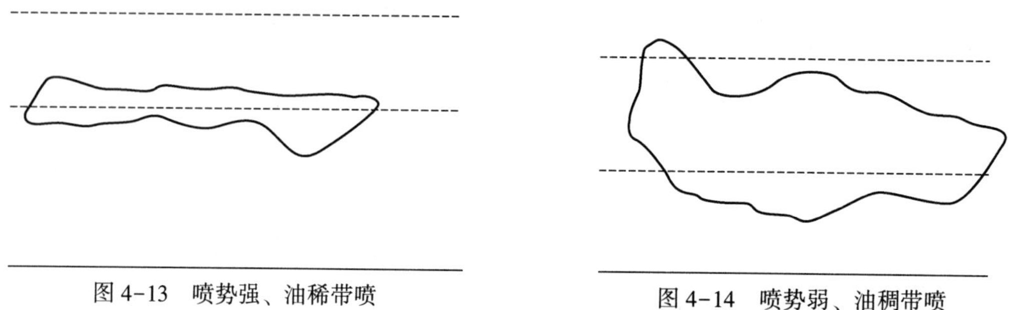

图 4-13　喷势强、油稀带喷　　　　图 4-14　喷势弱、油稠带喷

（五）抽油杆断脱

抽油杆断脱后的悬点载荷实际上是断脱点以上的抽油杆柱重量，只是由于摩擦力，才使上下载荷线不重合。图形的位置取决于断脱点的位置。图 4-15 为抽油杆柱在接近中部断脱时的示功图。

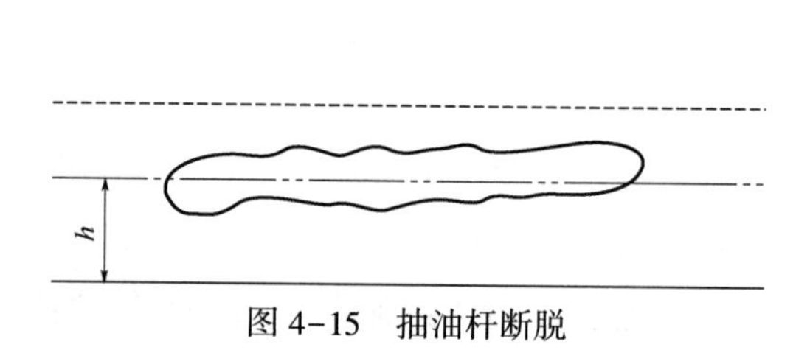

图 4-15　抽油杆断脱

抽油杆柱的断脱位置可根据下式来估算：

$$L=\frac{hC}{bq_r'g}$$

式中　L——自井口算起的断脱点位置，m；

C——测示功图所用动力仪的力比，N/mm；

h——示功图中线至基线的距离，mm；

q_r'——每米抽油杆柱的质量，kg/m；

b——抽油杆在液体中的失重系数；

g——重力加速度，m/s^2。

断脱位置比较低的示功图，同有些带喷井的示功图，往往是一样的。但带喷井泵效高、产量大，而断脱的井，产量却等于零。

（六）其他情况

油井结蜡及出砂和活塞在泵筒中下入位置不当，都会反映在示功图上。如图 4-16 及图 4-17 所示为出砂井和结蜡井，在正常抽油时所测得的示功图。

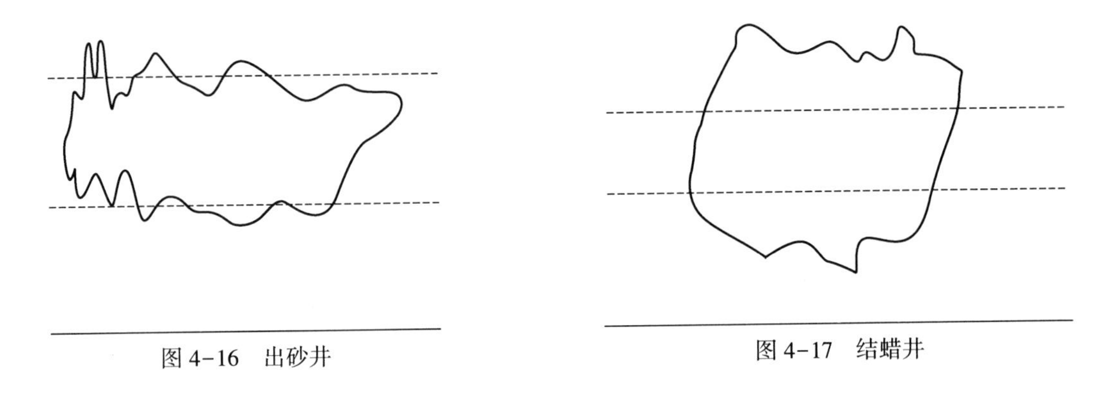

图 4-16　出砂井

图 4-17　结蜡井

图 4-18 为管式泵活塞下得过高，在上冲程中活塞全部脱出工作筒的油井所测得的示功图。由于活塞脱出工作筒，在上冲程中悬点突然卸载。图 4-19 为防冲距过小，活塞在下死点与吸入阀相撞的示功图。

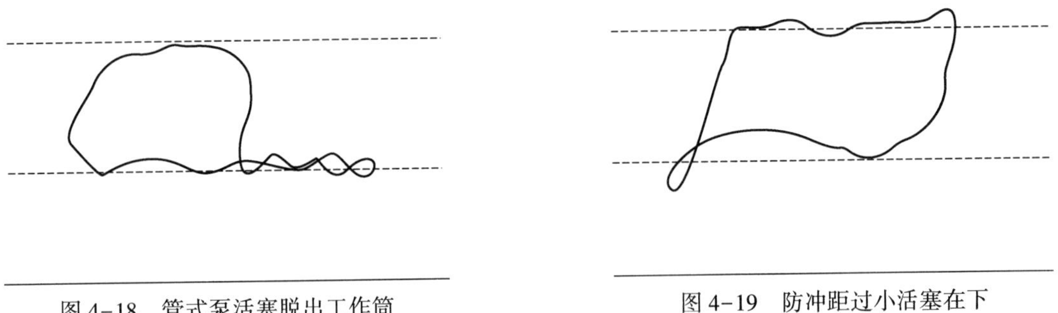

图 4-18　管式泵活塞脱出工作筒

图 4-19　防冲距过小活塞在下死点与吸入阀相撞的示功图

由于泵的工作条件比较复杂，在解释示功图时，必须全面了解油井情况（井下设备、管理措施、目前产量、液面、气油比）及以往的生产情况等，才能对泵的工作状况和产生不正常的原因做出判断。

前面所讲的示功图分析，往往只能对泵的工作状况做某些定性分析，而无法做出定量的判断。在深井快速抽汲的条件下，由于泵的工作状况（活塞负荷的变化）要通过上千米的抽油杆柱传递到地面上，在传递过程中，因抽油杆柱的振动等因素，使载荷的变化复杂化了。因此，地面示功图的形状很不规则，往往对泵的工作状况无法做出任何推断。

第三节 有杆抽油系统工况计算机诊断技术

如何及时、准确地了解有杆抽油系统（包括地面设备、井下设备和油井本身）的工作状况，对提高抽油效率、降低机械采油成本和提高油井产量都具有非常重大的现实意义。

有杆抽油系统工况计算机诊断技术，是根据实测光杆载荷和位移、利用数学方法借助于计算机，来求得各级抽油杆柱截面和泵上的载荷及位移，从而绘出指定位置的井下示功图，并根据它们来判断和分析有杆抽油设备的工作状况。主要技术内容包括：计算各级抽油杆顶部截面上的应力；估算泵吸入口压力；判断油井潜能；计算活塞冲程和泵效；检验泵及油管锚的机械状况；以及计算和绘制扭矩曲线，并进行平衡和功率的计算与分析。

一、诊断技术概述与发展状况

抽油井故障诊断技术的研究，一直是国内外采油工程技术人员的一个重要研究课题。经过几十年的研究、实践，抽油井故障的分析与诊断技术有了相当大的发展，就其内容与发展来说，可以分为以下四种方法：

（一）“五指式动力仪”分析方法

该方法主要依靠操作人员手掌的感觉来分析抽油设备的工作状况。这种方法由经验丰富的操作人员用手握住光杆，跟随光杆上下几个冲程，以感觉来判断抽油泵的某些故障。这种原始的方法早已被淘汰了。

（二）地面示功图分析法

该方法针对光杆悬绳卡子处安装的动力仪绘制的光杆示功图进行解释，以判断油井与设备故障，至今仍为许多国家广泛应用。

几十年来，动力仪技术不断发展，检测精度持续提高，已开发出机械式、水力式、电气式等各型动力仪；示功图的解释方法不断改进，可解释的工况范围不断扩展。

苏联等国对示功图的定量解释进行了深入的理论研究，将示功图与泵径、泵挂、冲程、冲数、抽油杆组合、油管直径、含水量、总液量、油气水密度，油管压力、套管压力等资料配合，可以计算分层产量，分析平衡效果，振动影响等，并可计算各种摩擦阻力，能量消耗，间接计算泵入口压力，流动压力和采油指数等，并在实践中取得了较好的效果。这些定量解释方法的准确度受动力仪精度、拉线方法、异常外在因素和计算值的选取等影响较大。

美国致力于使示功图的定性解释更为方便和简单。美国有杆泵研究股份公司与中西部研究所应用机电相似理论，研究、绘制了计算机模拟示功图，1969 年 8 月将其整理成样本于发表。这个计算机模拟示功图样本共包含 1100 多张正常工作条件下的模拟示功图，也称 API 标准示功图。诊断油井工况时，首先用光杆动力仪测抽油井光杆示功图，然后与相同无量纲参数的标准示功图进行对比。如果图形基本相似，则判明抽油系统的工作状态正常，如图形差异很大，则说明抽油系统存在问题，这就是所谓的 API 类比分析法。这种方法方便、简单，但是由于井下状况复杂，在应用范围上受到一定限制，但目前已成为美国诊断抽油系统工况的重要手段之一。

（三）井下示功图诊断法

这种方法是利用井下动力仪随同抽油泵一起下入井内，直接测量泵示功图。这样就可以获得抽油泵工作状态的第一手资料，清除抽油杆等许多不定因素给分析解释带来的困难。井下动力仪是由美国吉尔伯特和萨金特在 1936 年发明的。尽管这种方法可以直接获得泵示功图，但是它必须将泵和抽油杆提出井筒，以安装井下动力仪，然后再下入井中测量，要观察井下工况，还要将仪器提出。因此，这种方法耗资大，工艺较复杂，所以没有得到推广应用。

（四）计算机诊断法

这种方法是把抽油杆柱看作井下动态信号的传导线，抽油泵作为发送器，泵的工作状况（柱塞上的载荷变化）以应力波的形式沿抽油杆柱传递到地面，被作为接收器的动力仪所接收。用带阻尼的波动方程描述应力波在抽油杆柱中传递过程，以光杆动载荷及位移作为边界条件，可以得到抽油杆柱任意截面处的位移和载荷计算模型，从而计算出所需的抽油杆各截面及泵的示功图，对整个有杆抽油系统的工作状况做出分析判断。其中包括：计算各级抽油杆柱顶部截面上的应力，检查抽油杆柱强度及杆柱组合设计是否合理；计算柱塞冲程、充满系数、泵效、泵排量，判断各种漏失程度；估算吸入压力、井底压力及油井潜能；检查泵及油管锚的机械状况；绘制扭矩曲线，并进行扭矩、平衡、功率的计算和分析[1]。

计算机诊断法出现后，在世界各国广泛应用。我国自 20 世纪 80 年代引入该技术，在国内各油田广泛推广应用，但是，只根据地面示功图，仍有一些故障不能识别，如油管漏失等。

近年来，随着国内各油田逐步完成自动化改造，计算机诊断法的人工智能化快速推进。常州大学等一批单位开发的基于大数据的有杆抽油系统工况人工智能诊断技术取得了突破性进展，可以由计算机取代经验丰富的技术人员，根据光杆示功图和产量、井口压力、流量等其他信息识别其有杆抽油系统故障。

本节重点叙述地面示功图分析解释方法、计算机诊断技术、利用模式识别技术及专家系统实现油井故障诊断的人工智能化等内容。[2]

二、诊断技术的理论基础

（一）波动方程的傅里叶级数求解方法

应力波在抽油杆柱中的传播过程可用带阻尼的波动方程来描述：

$$\frac{\partial^2 U(x,t)}{\partial t^2}=a^2\frac{\partial^2(x,t)}{\partial x^2}-c\frac{\partial U(x,t)}{\partial t} \tag{4-10}$$

式中　$U(x,t)$——抽油杆柱任一截面（x处）在任意时刻t时的位移；

a——应力波在抽油杆柱中的传播速度；

c——阻尼系数。

以式(4-10)作为诊断技术中描述抽油杆柱动态的基本微分方程。

用以截尾傅里叶级数表示的悬点动负荷函数$D(T)$及光杆位移函数$U(T)$作为边界条件：

$$D(t)=\frac{\sigma_o}{2}+\sum_{n=1}^{\bar{n}}(\sigma_n\cos n\omega t+\tau_n\sin n\omega t) \tag{4-11}$$

$$U(t)=\frac{v_0}{2}+\sum_{n=1}^{\bar{n}}(v_n\cos n\omega t+\delta_n\sin n\omega t) \tag{4-12}$$

因为方程（4-10）中不包含有抽油过程中保持不变的重力项，所以将悬点总载荷中减去抽油杆柱重量后得到的动负荷函数$D(T)$作为力的边界条件。$D(T)$及$U(T)$的傅里叶系数σ_0、σ_n、τ_n及v_0、v_n、δ_n可分别用下面的公式求得

$$\sigma_n=\frac{\omega}{\pi}\int_0^T D(t)\cos n\omega t\mathrm{d}t \qquad n=0,1,2,\cdots,\bar{n}$$

$$\tau_n=\frac{\omega}{\pi}\int_0^T D(t)\sin n\omega t\mathrm{d}t \qquad n=1,2,\cdots,\bar{n}$$

$$\nu_n=\frac{\omega}{\pi}\int_0^T U(t)\cos n\omega t\mathrm{d}t \qquad n=0,1,2,\cdots,\bar{n}$$

$$\delta_n=\frac{\omega}{\pi}\int_0^T U(t)\sin n\omega t\mathrm{d}t \qquad n=1,2,\cdots,\bar{n}$$

式中　ω——曲柄角速度；

T——抽汲周期。

实际工作中$D(t)$及$U(t)$是以曲线（或数值）形式给出的，所以傅里叶系数可用近似的数值积分来确定。

以式(4-11)和式(4-12)为边界条件，用分离变量法解方程（4-10），可得抽油杆柱任意深度x断面的位移随时间的变化：

$$U(x,t)=\frac{\sigma_0}{2EA_r}x+\frac{v_0}{2}+\sum_{n=1}^{\bar{n}}(O_n(x)\cos n\omega t+P_n(x)\sin n\omega t) \tag{4-13}$$

根据胡克定律：

$$F(x,t)=EA_{\mathrm{r}}\frac{\partial U(x,t)}{\partial x}$$

则抽油杆柱任意深度 x 断面上的动负荷函数随时间的变化为

$$F(x,t)=EA_{\mathrm{r}}\left[\frac{\sigma_0}{2EA_{\mathrm{r}}}+\sum_{n=1}^{\bar{n}}\left(\frac{\partial O_n(x)}{\partial x}\cos n\omega t+\frac{\partial P_n(x)}{\partial x}\sin n\omega t\right)\right] \tag{4-14}$$

在 t 时间，x 断面上的总载荷等于 $F(x,t)$ 加 x 断面以下的抽油杆柱的重量。

$$O_n(x)=(K_n\mathrm{ch}\beta_n x+\delta_n\mathrm{sh}\beta_n x)\sin\alpha_n x+(\mu_n\mathrm{sh}\beta_n x+\nu_n\mathrm{ch}\beta_n x)\cos\alpha_n x$$

$$P_n(x)=(K_n\mathrm{sh}\beta_n x+\delta_n\mathrm{ch}\beta_n x)\cos\alpha_n x-(\mu_n\mathrm{ch}\beta_n x+\nu_n\mathrm{sh}\beta_n x)\sin\alpha_n x$$

$$\alpha_n=\frac{n\omega}{a\sqrt{2}}\sqrt{1+\sqrt{1+\left(\frac{C}{n\omega}\right)^2}}$$

$$\beta_n=\frac{n\omega}{a\sqrt{2}}\sqrt{-1+\sqrt{1+\left(\frac{C}{n\omega}\right)^2}}$$

$$K_n=\frac{\sigma_n\alpha_n+\sigma_n\beta_n}{EA_{\mathrm{r}}(\alpha_n^2+\beta_n^2)},\ \mu_n=\frac{\sigma_n\beta_n-\tau_n\alpha_n}{EA_{\mathrm{r}}(\alpha_n^2+\beta_n^2)}$$

上述公式适用于单级杆柱，对于多级杆柱只需要做相应的扩充就可得到类似的计算式。

根据地面示功图计算井下示功图时，必须首先确定阻尼系数。抽油杆柱系统的阻尼力包括黏滞阻尼力和非黏滞阻尼力。黏滞阻尼力有抽油杆、接箍与液体之间的黏滞摩擦力，泵阀和阀座内孔的流体压力损失等。非黏滞阻尼力包括杆柱及接箍与油管之间的非黏滞性摩擦力；光杆与密封圈之间的摩擦力；泵柱塞与泵筒之间的摩擦损失等。以每一个冲程中，等值阻尼消耗的能量与真实阻尼消耗的能量相同，可用等值阻尼来代替真实阻尼，从而可以推导出阻尼系数公式。可用抽油杆柱在一个循环中由黏滞阻尼引起的摩擦功来确定阻尼系数：

$$C=\frac{2\pi\mu}{\rho_{\mathrm{r}}A_{\mathrm{r}}}\left\{\frac{1}{\ln m}+\frac{4}{B_2}(B_1+1)\left[B_1+\frac{2}{\frac{\omega L}{a}\frac{1}{\sin\frac{\omega L}{a}}+\cos\frac{\omega}{a}L}\right]\right\} \tag{4-15}$$

其中 $$m=\frac{D_{\mathrm{t}}}{D_{\mathrm{r}}};B_1=\frac{m^2-1}{2\ln m}-1;B_2=m^4-1-\frac{(m^2-1)^2}{\ln m}$$

式中 μ——液体黏度，Pa · s；

ρ_{r}——抽油杆的密度，kg/m^3；

A_{r}——抽油杆的截面积，m^2；

D_{t}——油管直径，m；

D_{r}——抽油杆直径，m；

L——抽油杆长度，m。

式(4-15)只适用于单级抽油杆体，在实际计算中应增加抽油杆接箍引起的阻尼。

（二）波动方程的有限差分求解方法

1. 杆柱动力学分析

如上所述，有杆抽油系统的计算机诊断方法就是针对实测光杆示功图，利用数学方法对抽油杆柱各界面的载荷和位移情况进行求解，并以此为依据判断和分析全套抽油设备的工作状况。为了研究抽油杆柱受力状况，作如下简化假设条件：

（1）假设抽油机各杆件为刚性体，不考虑其部件弹性变形；

（2）假设抽油杆柱为线弹性体；

（3）不考虑油管、液柱和抽油杆柱的耦合振动；

（4）抽油杆柱截面呈圆形，且同一级抽油杆柱，其截面积不变；

（5）油管与抽油杆同心。

直井有杆抽油泵系统抽油杆在工作时，任意井深位置处截取单元杆段和微元段进行单元体受力分析（图4-20），通过对抽油杆柱的单元体进行受力分析，可以建立轴向力平衡方程，并对平衡方程进行简化后，也可以得到波动方程：

$$\frac{\partial^2 u}{\partial^2 t}=a^2\ \frac{\partial u}{\partial x^2}-c\ \frac{\partial u}{\partial t} \tag{4-16}$$

其中

$$a=E_r/\rho_r,\quad c=\frac{v_e}{\rho_r A_r}$$

式中 E_r——抽油杆材料弹性模量，Pa；

A_r——抽油杆横截面积，m^2；

ρ_r——抽油杆材料密度，kg/m^3；

v_e——单位长度抽油杆柱的黏滞阻力系数，kg/m·s；

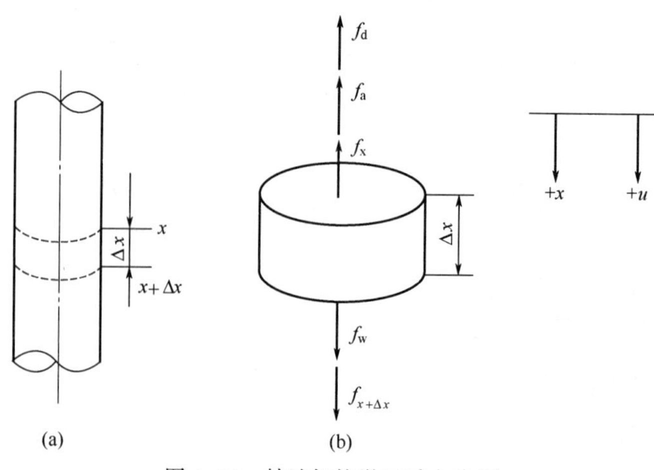

图4-20　抽油杆柱微元受力分析

a——声波传递速度，m/s；

c——阻尼系数，s^{-1}。

该公式是一个线性二阶偏微分方程，必须结合边界条件才能求解。

2. 诊断数学模型建立

为描述抽油杆柱动力学特性的波动方程补充边界条件和连续性条件（多级组合杆），以便建立有杆抽油系统诊断的数学模型。

1）边界条件

已知地面光杆位移为 u_1，u_2，…，u_k；光杆动载荷为 F_1，F_2，…，F_k，则边界条件为：u_1，$1=-u_1$，u_1，$2=-u_2$；…；u_1，$k=-u_k$。有限差分方程的边界条件可表示为

$$U(x,t)\mid_{x=0}=U(t) \tag{4-17}$$

$$F(x,t)\mid_{x=0}=L(t)-W_r=D(t) \tag{4-18}$$

$$U(x,t)\mid_{x=1}=\frac{D(t)\Delta x}{EA}+U(t) \tag{4-19}$$

式中 W_r——抽油杆柱在井液中的重量，N；

$L(t)$——实测示功图载荷，N；

$D(t)$——光杆动载荷，N。

2）连续性条件

对于不同材料的组合多级杆，则由两杆交界处的力与位移连续条件，即

$$(F_{i,j})_1=(F_{i,j})_2$$

$$(u_{i,j})_1=(u_{i,j})_2$$

诊断数学模型包括边界条件（抽油机悬点运动规律，光杆实测试功图）波动方程、连续性条件构成抽油系统诊断的数学模型。

$$\frac{\partial U(x,t)}{\partial^2 t}=a^2\frac{\partial^2 U(x,t)}{\partial x^2}-c\frac{\partial U(x,t)}{\partial t} \tag{4-20}$$

$$U(x,t)\mid_{x=0}=U(t)$$

$$F(x,t)\mid_{x=0}=L(t)-W_r=D(t)$$

$$U(x,t)\mid_{x=1}=D(t)\Delta x+U(t)$$

$$(F_{i,j})_1=(F_{i,j})_2$$

$$(u_{i,j})_1=(u_{i,j})_2$$

3）诊断模型的有限差分

设驴头下死点为 x 坐标原点，向下为正。$U(x,t)$ 也以向下为正，Δx 为 x 的步长，Δt 为时间步长，下标 i 表示位置，j 表示时间，根据牛顿差分法可得诊断模型的有限差分解。

$$u_{i+1,j}=\left(\frac{\Delta x}{c\Delta t}\right)^2\left[(1+\Delta t)u_{i,j+1}-(2+\Delta t)u_{i,j}+u_{i,j-1}\right]+2u_{i,j}-u_{i-1,j} \quad (4-21)$$

3. 诊断模型的有限差分求解方法

诊断技术是准确了解有杆抽油系统工作状况的有效方法，将抽油系统工作实际测得的示功图进行离散处理，通过描述抽油杆振动的微分方程的边界条件和初始条件，计算各级杆端的应力和位移，绘制井下示功图。以光杆位移作为第一层边界条件，以光杆位移和载荷计算出第二层位移作为第二层位移边界条件，以此类推采用补格法计算全部节点可求得各级杆柱断面和泵处示功图。

求解诊断数学模型的关键问题是对描述抽油杆动力学特征的波动方程进行求解，由连续性条件中公式求知，诊断模型的波动方程求解可以用图 4-21 和图 4-22 表示。

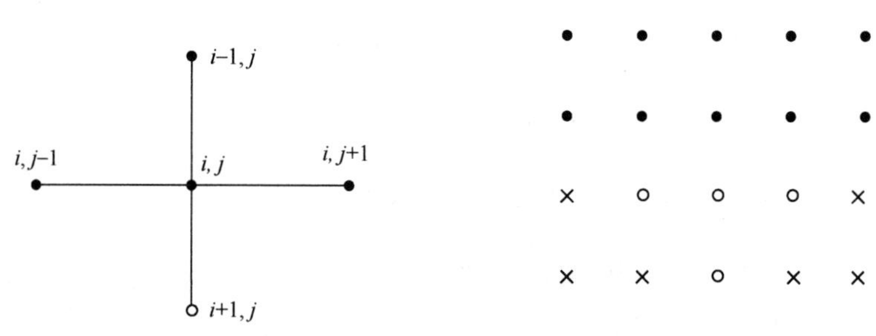

图 4-21　有限差分格式　　　图 4-22　波动方程的差分三角形

（1）$i=0$，第一层（即地面值）位移由位移传感器测得

$$u(x,t)\big|_{x=0}=u(t)=u_{0,j} \quad (4-22)$$

（2）$i=1$，第二层可由载荷传感所测得的载荷和地面位移，根据胡克定律获得

$$u_{1,j}=\frac{F_{0,j}\Delta x}{E_r A_r}+u_{0,j} \quad (4-23)$$

（3）$i\geqslant 2$，从第三层起，就得用差分方程计算各节点的位移。

通过前面建立的有杆抽油系统故障诊断数学模型及其有限差分求解方法，可编程对机采井抽油杆柱进行力学分析，计算出抽油杆柱不同位置的位移和载荷，并绘出泵示功图。结合典型工况和故障下的泵理论示功图，便可实现对有杆抽油系统进行实时故障诊断。[3]

三、诊断技术的应用

（一）诊断技术的现场应用

目前，现场已广泛应用集光杆示功图测量采集、诊断软件和预警决策功能于一体的有杆抽油系统工况诊断方案。

1. 判断泵的工作状况及计算泵排量

把地面示功图或悬点载荷与时间的关系用计算机进行数学处理之后，由于消除了抽油杆柱的变形、杆柱的黏滞阻力、振动和惯性等的影响，将会得到形状简单而又能真实反映泵工作状况的井下示功图，不仅可对影响有杆抽油泵工作的各种因素做出定性分析，而且可以求得柱塞冲程和有效排出冲程，从而可以计算出泵排量及油井产量。

在理想情况下（油管锚定，没有气体影响和漏失等），泵的示功图为矩形，长边表示柱塞冲程，短边表示液体载荷。油管未锚定时，泵的示功图将变成平行四边形，其长边的长度表示柱塞相对于泵筒的冲程长度。图 4-23 为油管未锚定时，泵正常工作的典型实际示功图。图 4-24 为典型的受气体影响的井，经计算机处理后的示功图。图 4-25 和图 4-26 分别为吸入阀漏失和排出阀漏失的实际井的示功图。当上述各种情况不同程度地交织在一起时，将会给正确地判断各个因素的影响程度带来一些困难，然而比用地面示功图判断要简单得多。

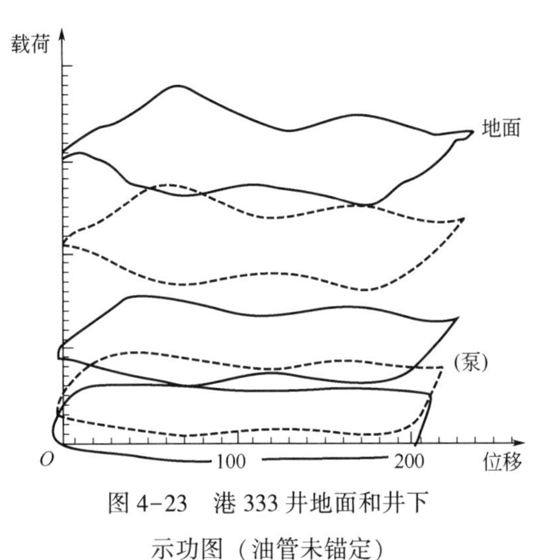

图 4-23 港 333 井地面和井下示功图（油管未锚定）

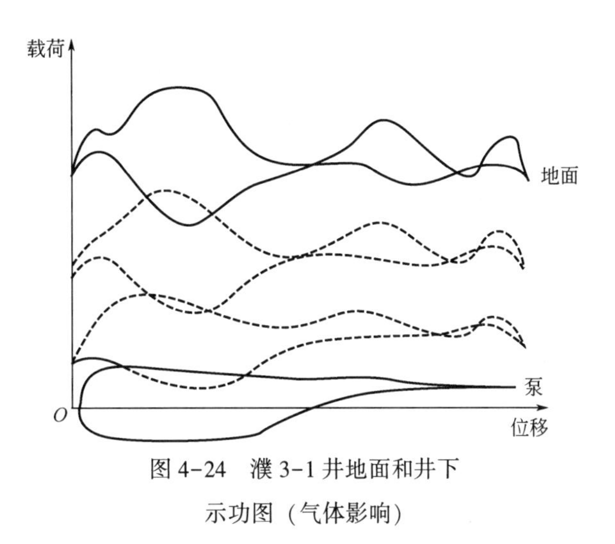

图 4-24 濮 3-1 井地面和井下示功图（气体影响）

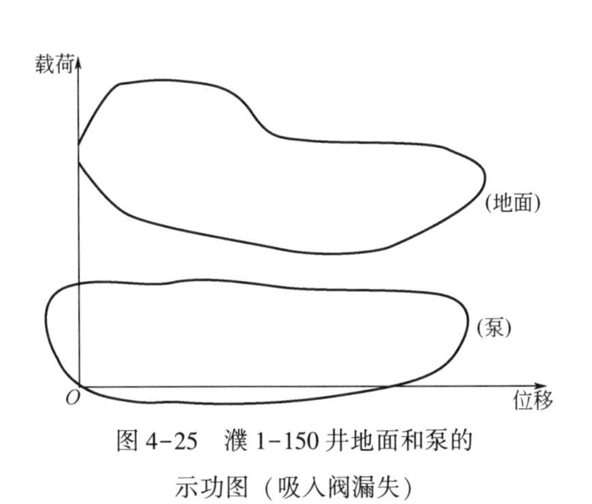

图 4-25 濮 1-150 井地面和泵的示功图（吸入阀漏失）

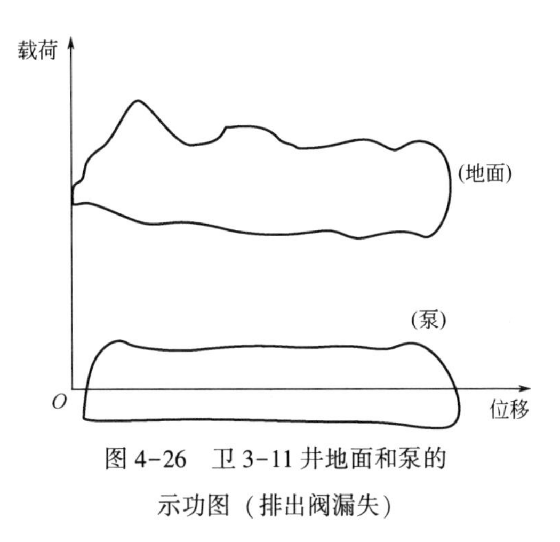

图 4-26 卫 3-11 井地面和泵的示功图（排出阀漏失）

2. 计算各级杆柱的应力和分析杆柱组合的合理性

根据抽油杆柱各级顶部断面上的示功图就可计算出该断面上的最大、最小应力，结合许用应力以及应力范围比，可判断抽油杆柱是否超载及杆柱组合合理性。

3. 计算和分析抽油机扭矩、平衡及功率

由悬点载荷及其在曲柄轴上造成的扭矩及悬点运动速度与悬点功率之间的关系，可得

$$\overline{TF}=\frac{v_0}{\omega} \tag{4-24}$$

式中 $\overline{TF}$——扭矩因数；

v_0——悬点运动速度；

ω——曲柄角速度。

对式(4-12) 求导，并代入式(4-24) 可得：

$$\overline{TF}=\sum_{n=1}^{\bar{n}}(-nv_n\sin n\omega t+n\delta_n\cos n\omega t) \tag{4-25}$$

求得扭矩因数后就可绘制扭矩曲线和进行扭矩分析，并计算、分析抽油机的平衡状况和功率利用情况。

4. 估算泵吸入口压力及预测油井产量

由泵的示功图求得液体载荷后，可由下式估算泵吸入口压力：

$$p_{\mathrm{i}}=(\overline{GP}\cdot L+p_{\mathrm{h}})-W_{\mathrm{f}}/A_{\mathrm{p}}$$

式中 p_{i}——泵吸入口压力；

$\overline{GP}$——油管内的压力梯度；

p_{h}——井口回压；

L——泵深；

W_{f}——液柱载荷；

A_{p}——柱塞截面积。

泵吸入口压力计算的准确程度主要取决于油管内流体的平均密度。抽汲不含气或含气很少的液体时，直接用液体平均密度计算压力梯度即可获得较可靠的泵吸入口压力。对于含气较大的液体，应按计算井筒多相流动的方法计算混合物密度。另外，诊断的数学模型中没有考虑井下的非黏滞性机械摩擦（如柱塞和衬套、抽油杆与油管，以及井口光杆与密封盒等的摩擦），如果在根据泵的示功图确定液体载荷时，不做适当修正，对泵吸入口压力的计算结果也会带来影响。对于漏失比较严重的井，根据泵的示功图难以确定出比较准确的液柱载荷值。如果井下非黏滞性摩擦很大，也可以由泵的示功图找到泵吸入口压力明显偏低的原因。通常直接用油管内液体密度计算压力梯度后求得的泵吸入口压力值为其上限，油管内气量越少，则越接近上限值。

泵下至油层中部，则泵吸入口压力就是井底流动压力。因此，只要几个工作制度下的产量及泵吸入口压力，根据相应于油井生产条件下的油流入井计算方法就可计算油井流入动态曲线，进而可预测新的抽汲参数下油井的产量及油井潜能。如果泵口距油层中部较远，就必须根据气液两相垂直管流计算泵口到油层中部的压力损失之后，才能得到井底流动压力。

5. 其他

对于泵下装油管锚或封隔器的油井，泵示功图的加载线基本上是垂直的，如果加载线明显倾斜或出现转折，则说明油管锚或封隔器未能有效的固定油管。

图 4-27 所示的港 11 井的示功图，在上冲程中存在明显的非黏滞性摩擦，上冲程的载荷明显地超过下冲程开始的数值。这是因为泵下装有支承式封隔器，在上冲程中，由于活塞效应，泵以上的部分油管发生螺旋弯曲，从而使抽油杆和油管产生很大的机械摩擦力；在下冲程中，液体载荷通过吸入阀作用在油管上，中和点下移，活塞效应消失，泵以上油管的弯曲以及由此而引起的机械摩擦也随之消失。故下冲程中并不存在这种非黏滞性摩擦。在建立诊断的数学模型时，正是由于没有考虑油管弯形及井下各种特殊的非黏滞摩擦力，从而有可能根据泵的示功图来判断油管锚的工作状况及出现某些特殊摩擦的情况。

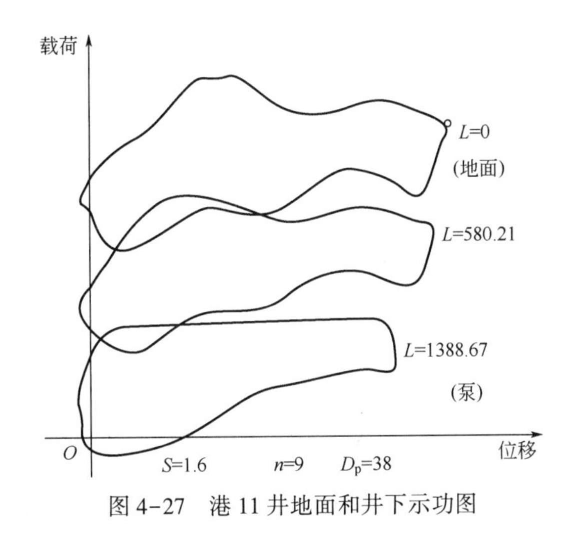

图 4-27　港 11 井地面和井下示功图

通过计算机诊断可了解抽油系统的全部工况及存在的问题，将会加强措施的针对性，减少作业的盲目性，有助于提高措施的成功率。[4]

（二）有杆抽油系统工况诊断的人工智能方法

随着数字化油田、智能化油田的发展，以专家系统、支持向量机、人工神经网络等技术为核心的人工智能有杆抽油系统工况诊断方法逐渐普及。下面重点介绍有杆抽油系统故障诊断的人工神经网络技术。

1. 人工神经网络的基本原理

人工神经网络技术已经有 40 多年的发展历史，近些年来神经网络技术被越来越广泛地应用于石油工业的许多不同领域[5]。与传统的分类方法相比，人工神经网络模型有许多优势：（1）具有极强的非线性映射能力，可以以任意精度逼近任何连续函数；（2）采用并行计算机制，具有高速度和高精度；（3）采用信息的分布式存储方式，具有更好的稳定性和容错性，允许样本缺失和扭曲，部分计算单元的损坏不会削弱整个系统的功用；（4）具有较强的自学习综合能力、联想记忆能力和调整功能。

1）BP 神经网络

在 1990 年，Rogers 等人首次将人工神经网络引入示功图识别领域，国内于 1996 年开始利用人工神经网络对示功图进行识别研究。在众多的神经网络模型中，最常用的是误差反向传播神经网络，简称 BP 神经网络。BP 神经网络是一种单向传播的多层前向网络，有输入层、隐含层和输出层。它的学习方式是一种有监督的学习，在输出层比较网络的实际输出和对应的期望输出的误差均方差，如果不能得到满意的误差精度，则根据误差通过梯度下降法调整各层神经元的权值，最终使误差达到最小。

2）自组织竞争神经网络

自组织竞争神经网络是由输入层和竞争层构成的两层网络，没有隐含层（图 4-28），是一种采用无监督学习方式的神经网络，其基本思想是网络竞争层各神经元竞争对输入向量的响应机会，最后仅一个神经元成为竞争的胜者。那些与获胜神经元有关的各连接权朝着更有利于它竞争的方向调整，这一获胜神经元就表示对输入向量的分类。

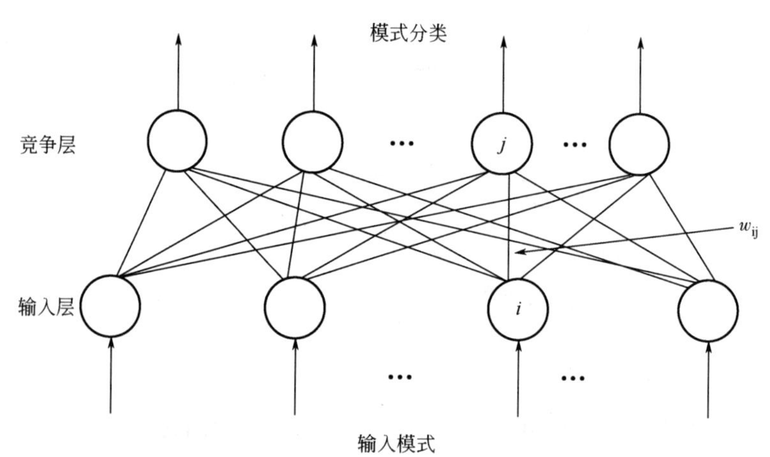

图 4-28　自组织竞争人工神经网络的结构

竞争层的输出公式为：

$$a = \mathrm{compet}(-\|\boldsymbol{W}_j - \boldsymbol{p}\| - b_j) \tag{4-26}$$

式中，$\boldsymbol{p}$ 是输入向量；$\boldsymbol{W}_j$ 和 b_j（$b_j>0$）是 j 神经元的权值向量和域值。

竞争层的传递函数 compet 为一个二值型函数，它将最大输入神经元的输出设置为 1，其他所有神经元的输出都设置为 0。域值用来调整神经元的获胜概率，通过减少死神经元的域值来增加其获胜机会。同时，它能增大经常获胜的神经元的阈值，使其获胜

的机会减少。对与获胜神经元相连的各连接权值进行调整，而其他所有连接权值保持不变。权值修正的公式为

$$\Delta_{W_j}=l(\boldsymbol{p}-\boldsymbol{W}_j) \tag{4-27}$$

式中，l 为学习速率（$0<l<1$），反映了学习过程中连接权值调整的大小。

自组织竞争人工神经网络通过对输入向量的反复学习可以识别相似的输入向量，实现故障模式分类，从而进行故障诊断。自组织竞争神经网络的优点是：（1）对测试样本集的正确识别率更高，而且识别效果很稳定；（2）不存在局部最优解；（3）不需要经大量费力耗时的实验摸索才能确定隐含层的层数和隐含层神经元个数以及训练函数；（4）不需要提供输入向量的目标输出向量就可以进行自组织的训练和分类，具有更好的分类能力。

2. 应用效果

江苏油田通过安装在井口的油井多功能测控终端设备采集了大量的现场地面示功图样本，每幅示功图由 216 对光杆载荷和位移数据构成，采样间隔为 1/216 运动周期[6]。在采集到的所有示功图中，选用了其中 7887 幅示功图样本，大致可分为正常、供液不足、气体影响、结蜡以及泵下碰 5 个类别，如图 4-29 所示。

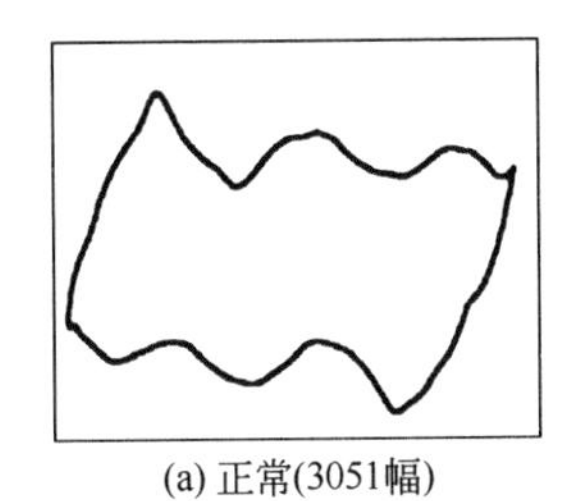

(a) 正常(3051幅)

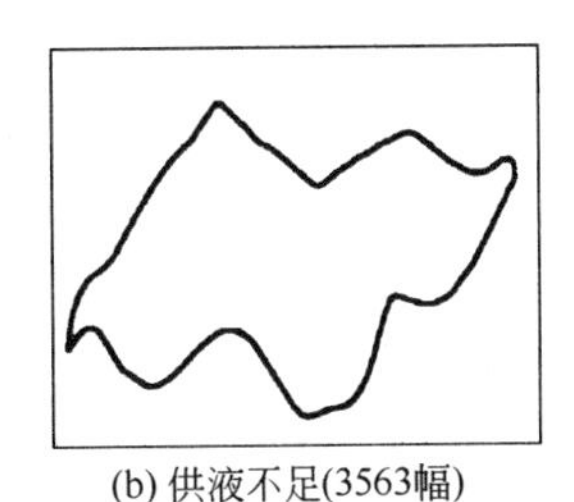

(b) 供液不足(3563幅)

(c) 气体影响(393幅)

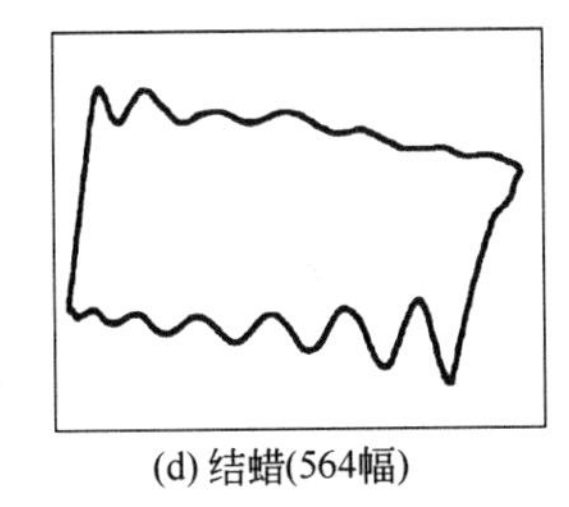

(d) 结蜡(564幅)

(e) 泵下碰(316幅)

图 4-29 实测示功图示意图

在进行分类前，对数据进行了预处理，把原始示功图规范为统一的形式，便于分析和比较。在这里选用了级差正规化，公式为

$$x'=(x-x_{\min})/(x_{\max}-x_{\min}) \tag{4-28}$$

$$y'=(y-y_{\min})/(y_{\max}-y_{\min}) \tag{4-29}$$

试样本集中的样本全部未参加过训练，用来测试网络的泛化能力。

将自组织竞争（SOC）神经网络 BP 神经网络模型进行了对比实验。结果如表 4-1

所示，自组织竞争神经网络准确度更高。

表 4-1　自组织竞争神经网络和 BP 神经网络学习 20 次的结果

对测试样本集的正确识别率,%		错误识别的样本个数		对测试样本集的正确识别率,%		错误识别的样本个数	
SOC	BP	SOC	BP	SOC	BP	SOC	BP
99.94	84.42	4	987	100	99.19	0	51
99.97	99.56	2	28	99.98	82.08	1	1135
99.98	99.75	1	16	99.95	97.27	3	173
100	99.27	0	46	99.98	99.48	1	33
100	99.37	0	40	100	63.66	0	2302
100	99.34	0	42	99.91	99.49	6	32
100	95.53	0	283	99.91	98.83	6	74
100	86.33	0	866	99.91	89.19	6	685
100	97.87	0	135	100	79.41	0	1304
99.95	98.96	3	66	100	98.78	0	77

第四节　功图法量油技术

一、泵示功图的应用

井下或光杆示功图为了解有杆抽油系统工况提供了丰富信息，可获得定量的有杆抽油系统工况专断结果。

（一）光杆示功图

假设有杆抽油系统采用刚性、非弹性抽油杆柱，冲次低、忽略惯性力等影响，井液不可压缩，忽略沿着杆柱的所有能量损耗，此时的理论地面示功图的形状用图 4-30 所示的矩形 1-2-3-4 表示。在点 1，上冲程开始，排出阀马上关闭。光杆载荷等于在点 1 处的杆柱的浮重。当流体载荷从吸入阀传送到排出阀时，光杆载荷突然增加到点 2 处所示的载荷。柱塞和光杆一起移动，一直到达点 3 处，此时载荷没有变化。在点 3 处，上冲程结束，下冲程随着排出阀的打开而开始。由于流体载荷不再由排出阀所承担，所以杆载荷突然降到了点 4。在较低端，随着排出阀的开启，杆柱在井液中从点 4 回落到点 1，同时光杆载荷等于杆柱的浮重。在点 1 处，又开始了下一轮循环。

其他条件不变，只是考虑抽油杆的弹性时，理论地面示功图的形状变化到如图 4-30 所示的平行四边形 1-2′-3-4′。由于杆柱伸长了，从点 1 处，杆载荷只是逐渐

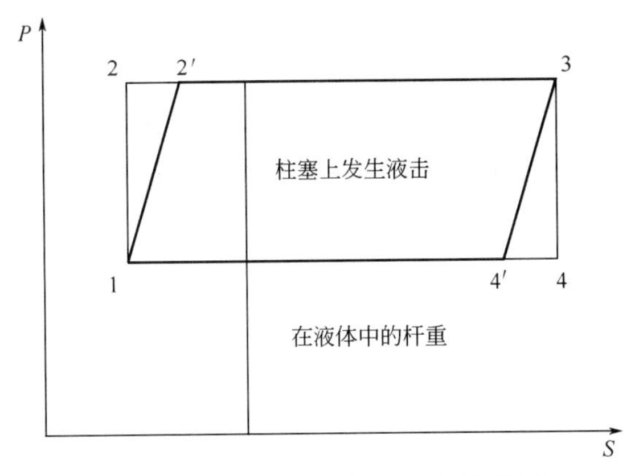

图 4-30　低冲次下理论地面示功图形状

达到了点 2′处的最大值，同时随着排出阀的关闭，泵上升同理，在上冲程末端，由杆柱收缩到它的原始长度，所以从排出阀传送到吸入阀中的流体载荷也逐渐从点 3 到了 4′。这种理论示功图的形状很少遇到，当使用低冲次时，只有在浅井中才能看到。图 4-30 中 2-3 处的柱塞冲程等于刚性杆柱情况下的光杆冲程长，如果把杆柱的弹性考虑进去，会降到 2′-3。

在真实的油井中，工况与以上简化假设不同：

（1）由于杆柱的加速度模式，杆柱发生动载。

（2）由于光杆的运动和井下泵的运行，在杆柱中产生了应力波。这些波被转移和反映在杆柱上，并能大大影响所测的光杆载荷。

（3）诱导产生的应力波的频率与能引起杆柱载荷明显变化的共振频率一致。

（4）泵阀的开关受到举升流体的压缩性的影响很大。

（5）存在能改变杆载荷的井下问题。

这些条件的综合作用显著改变了示功图形状，如图 4-31 所示，最大和最小载荷及示功图的形状也发生了改变。

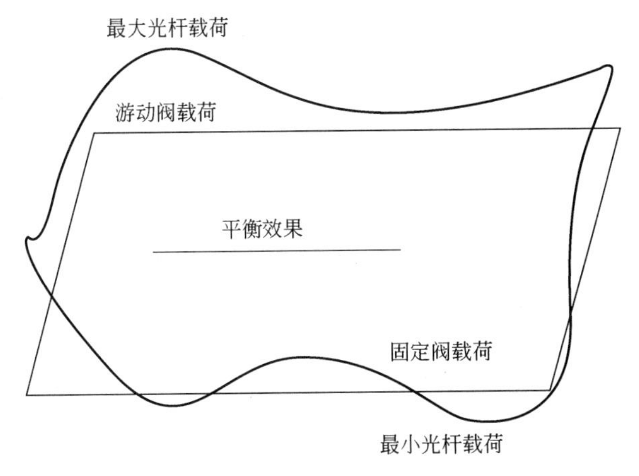

图 4-31　低冲次下实际示功图与有效理论示功图的比较

图 4-32 给出了 Gipson 和 Swaim 对通用示功图形状的解释。在光杆下冲程末端，由于杆柱应力传递时间上的延迟，柱塞还向下运动；因此，排出阀只是在光杆上冲程开始后才关闭。排出阀关闭后，直到达到最大载荷，抽油杆才伸长，光杆载荷才增加。到上冲程末端，动力效应趋向于压缩杆柱，光杆载荷降低。排出阀的运行又一次延迟，它只在光杆开始下冲程时才开启。

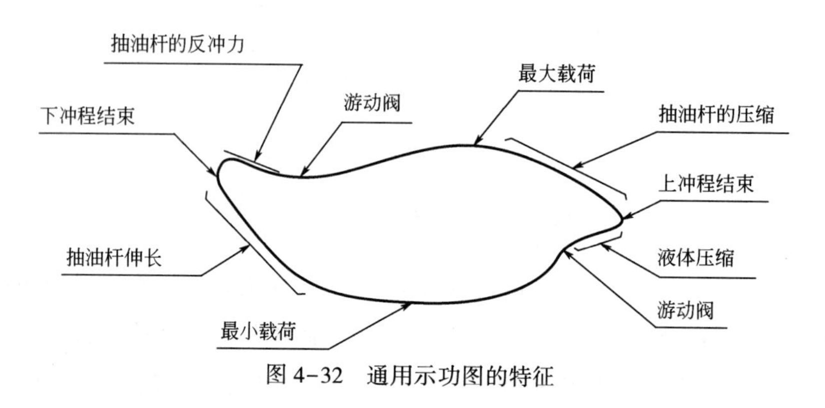

图 4-32　通用示功图的特征

1. 基本载荷

从示功图上可确定出 6 种基本载荷。在图 4-31 的示功图中包括：

（1）零载荷或所有载荷测量的基线。

（2）吸入阀载荷，从吸入阀测试中可求出（在理想条件下，吸入阀没有泄露，吸入阀载荷等于杆柱的浮重）。

（3）排出阀载荷（排出阀载荷），在排出阀测试期间测出，如果柱塞和有杆泵的阀完好无损，该载荷就是杆柱浮重和作用在柱塞上的流体载荷之和。

（4）最大光杆载荷是抽油过程中的最大载荷，反映出排出阀载荷加上冲程期间出现的最大动载。

（5）最小光载荷表示吸入阀减去下冲程的最大动载。在示功图上可得出，它是抽油期间最小的载荷。

（6）平衡效果表示从最大平衡扭矩中得出的光杆处的力。

这些载荷的数值，通过测量示功图上零载荷上方各自的坐标值可读出并换算，换算时要考虑所使用的动力仪的弹簧常数。

2. 光杆功率

由于力和距离的乘积是力所做的功。示功图所包围的面积表示抽油循环期间在光杆上做的功，所以可用冲次表达光杆输入的功率：

$$PRHP=\frac{A_c KSN}{396000L_c} \tag{4-30}$$

式中　PRHP——光杆功率；

A_c——示功图的面积，in^2；

K——动力仪常数，lb/in；

S——光杆冲程长度，in；

N——冲次，次/min；

L_c——示功图的长度，in。

这样计算出的光杆功率是光杆输入井下的总功率，包括升举液体有用功和井下发生的所有能量损耗之和。

3. 有杆抽油系统工况与示功图的变形

根据形状，示功图被分为正常、超冲程或行程不足示功图。典型的超冲程示功图从左向右通常像图 4-33 所示的下坡形状。在同等光杆冲程长度下，柱塞冲程不足的示功图如图 4-34 所示，示功图从左至右向上斜，与正常的示功图相比，柱塞冲程减少。冲程不足的原因可能是由于使用了大柱塞、井下摩擦过大或泵卡而造成的抽油杆载荷重引起的。

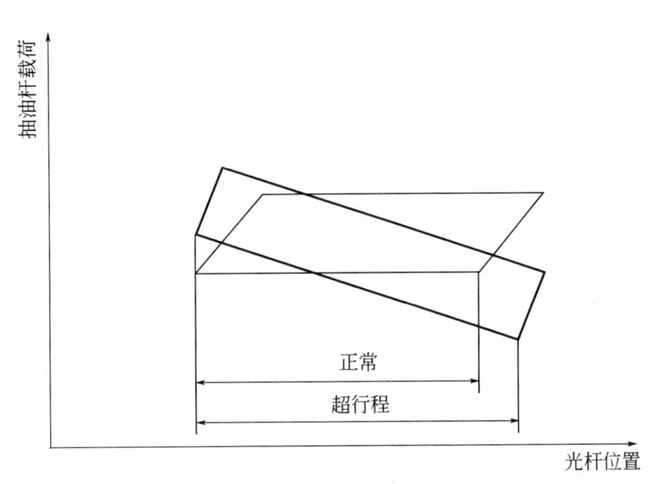

图 4-33　超冲程示功图的大体形状

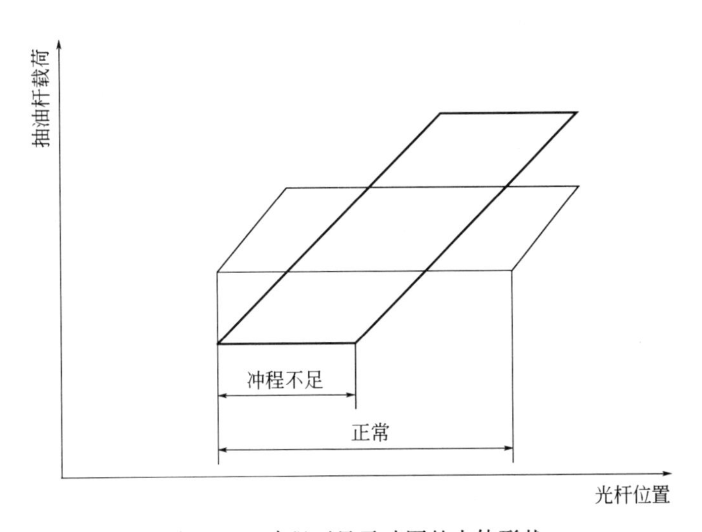

图 4-34　冲程不足示功图的大体形状

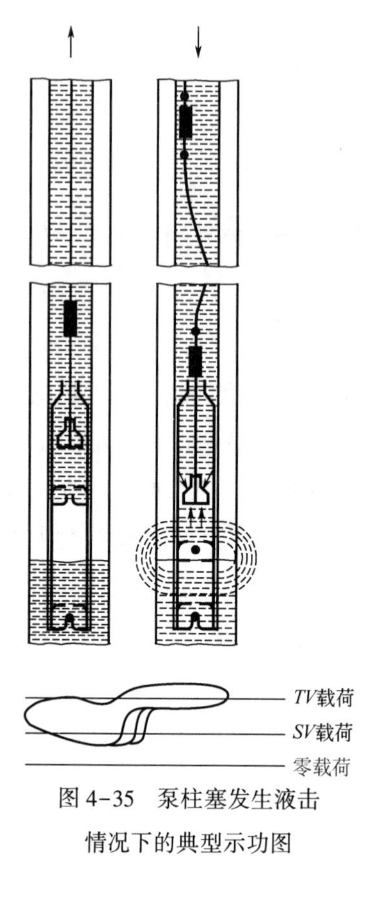

图 4-35　泵柱塞发生液击情况下的典型示功图

当泵的举升能力超出流体流入井底的流量时，通常发生液击现象。在这种情况下，在上冲程时泵筒不能完全充满液体（图 4-35）。当下冲程开始时，排出阀应当打开却没有打开，柱塞承担了全部流体载荷开始了下冲程。接着，当柱塞撞击泵筒中的液面时，突然的撞击力就沿着杆柱传到了地面。

在液击期间产生的大量动载对井下设备有害：杆柱可遇到能导致杆断的纵向弯曲；增加了杆对油管的磨损；引起接箍断裂；如果没有锚定，可造成泵部分（和油管）的损害。在地面，过量的冲击载荷可损害抽油机的轴承，可产生使减速器过载的瞬时扭矩。在图 4-35 中可以看出，示功图的形状清楚显示出发生了液击。液击严重时，在下冲程开始很久后，光杆载荷才陡然下降。

（二）井下示功图

井下示功图是在有杆泵的设定深度处进行测量或计算的，仅反映了泵的运行情况，杆柱动载荷和地面情况等因素不影响在此点处的载荷和位移。因此，使用井下示功图比用光杆示功图诊断工况更为直接，被广泛应用于排除有杆抽油系统的故障。

通常通过求解带阻尼的波动方程，从地面示功图中计算井下泵以上不同截面处的抽油杆载荷和位移，从而绘制泵的示功图。

表 4-2 给出了油管柱锚定和没锚定两种情况下的泵示功图基本形状。可以看出，比使用地面示功图更容易辨别出液击等故障。有学者借助模式识别技术，根据泵示功图进行有杆抽油系统的故障诊断[7]。

表 4-2　不同井下情况的泵示功图

井况	锚定油管	没锚定油管
正常示功图		
液击		
气击		

续表

井况	锚定油管	没锚定油管
TV 式泵泄漏		
SV 泄漏		
聚向上或向下撞击		

二、功图法量油技术及影响因素分析

功图法量油技术是通过建立有杆抽油系统三维空间的力学、数学模型，将地面示功图转换成泵功图，判断泵的有效冲程，从而计算泵的排液量，最后折算到地面油井产液量。本节通过对功图法量油技术的技术原理、抽油杆系统模型、示功图有效冲程识别、计算结果修正四个方面进行了阐述。[8]

（一）功图法量油基本原理

如图 4-36 所示，功图法量油技术将定向井有杆抽油泵系统看作是复杂的振动系统，由抽油杆、油管和井液三个有机部分通过波动方程，边界条件和初始条件（即连接条件）组成，由此可以计算对不同地面激励所产生的泵功图，对其进行定量分析，计算出泵有效冲程，再结合油层物性及生产参数，计算泵有效排量。

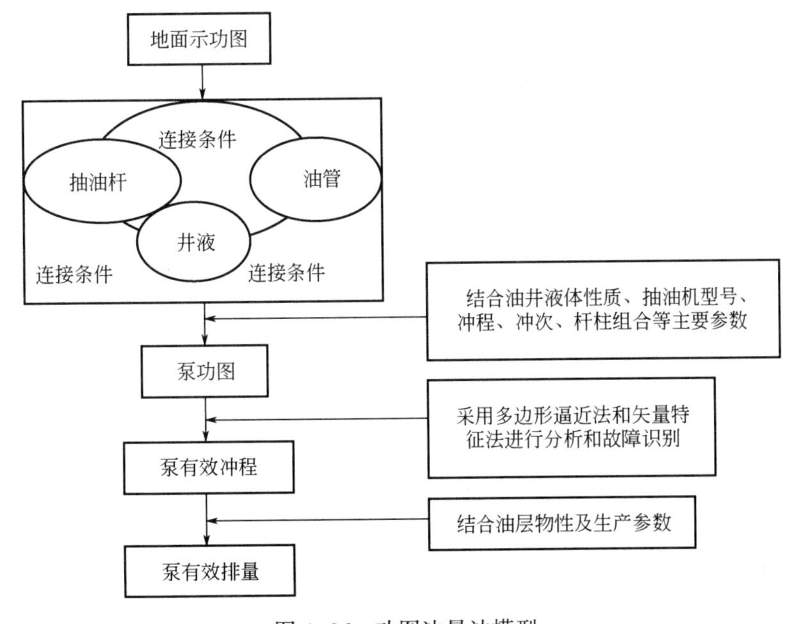

图 4-36　功图法量油模型

1. 有杆抽油泵系统模型建立

如上所述，可以将有杆抽油泵系统看作是由抽油杆、油管和井液三个有机部分通过一定的边界条件和初始条件（即连接条件）组成的复杂的振动系统。

2. 泵功图有效冲程识别

可以采用多边形逼近法和矢量特征法等各种方法对求解出的泵示功图进行工况识别、分析，考虑气体、结蜡等因素对泵功图有效冲程的影响，判断泵有效冲程，从而求解油井产液量有实质上的差别。

3. 数据采集

目前国内很多油田的数字化改造已经完成，可以将全天候实测示功图作为数据源，计算油井平均产量。

4. 计算油井产液量

计算油井产液量一般有两个途径，利用有效功率计算和利用有效冲程计算。前一种方法在应用时必须准确计算摩擦功率，但摩擦功率由于受诸多因素的影响，很难准确计算，所以第一种方法较少采用。较为常用是后一种方法计算油井产液量的关键是如何准确计算柱塞有效冲程，所需参数见表 4-3。

$$Q=1440N_sA_pS_{pe} \tag{4-31}$$

式中 N_s——抽油机的冲次，min^{-1}；

A_p——柱塞横截面积，m^2；

S_{pe}——柱塞有效冲程，m。

表 4-3 计算井口产液量所需参数

数据名称	代表符号	单位	数据名称	代表符号	单位
套管直径	D_t	mm	原油密度	ρ_0	kg/m^3
油管直径	D_t	mm	天然气密度	ρ_g	kg/m^3
柱塞直径	D_p	mm	油田水密度	ρ_w	kg/m^3
抽油杆直径	D_r	mm	含水率	R_w	%
抽油杆长度	L_r	m	生产气油比	R_{go}	1
抽油杆级数	N_r	1	套管压力	p_s	kPa
油层中深	H_m	m	油管压力	p_t	kPa
动液面深度	H_d	m	饱和压力	p_b	kPa
挂泵深度	H_p	m	井口温度	T_{wh}	℃
冲程长度	S_r	m	井底温度	t_{wd}	℃
冲次	N_s	min^{-1}			

（二）影响计量结果的主要因素

定边油田通过罐车单量与功图计量相对比，对功图法量油技术的准确性的影响因素进行了分析。

1. 硬件部分

（1）荷传感器发生损坏及漂移；

（2）位移传感器安装位置偏差；

（3）控制终端故障；

（4）数据传输故障；

（5）安装不正确等。

2. 算法部分

功图法量油计算模型对于定向井、结蜡、气体等影响因素下的产量计算存在误差。开发出的计量软件有时无法准确判断漏失井的有效冲程，漏失程度与有效冲程之间的对应关系有待研究。

3. 传统量油手段本身的误差

传统大罐、双容积、标定罐车 3 种量油方法本身存在误差，其中大罐标定法存在量油误差、罐车标定法存在泄压生产影响、双容积法标定受气压影响。[9]

习　　题

1. 简述油井生产分析的目的和内容。
2. 动液面与静液面的区别是什么？
3. 简述折算液面的概念。
4. 在正常抽汲时油水界面稳定在泵吸入口处的原因是什么？
5. 简述低气油比含水油井提高产量的方法。
6. 什么是地面示功图和光杆示功图？
7. 典型示功图的定义是什么？
8. 什么是抽油机计算机诊断？
9. 有杆抽油系统计算机诊断的基本原理是什么？
10. 正确解释示功图的意义是什么？
11. 为什么说井下示功图比用地面示功图监测抽油故障更直接？
12. 简述功图法量油技术的基本原理和步骤。
13. 功图法量油技术准确度的影响因素有哪些？
14. 查阅文献，总结有杆抽油系统工况的计算机诊断技术现状。

参 考 文 献

[1] 张琪. 采油工程原理与设计 [M]. 东营：中国石油大学出版社，2006：153-163.

[2] 崔振华，于国安. 有杆抽油系统 [D]. 北京：石油工业出版社，1994：253-257.
[3] 吕玉兴，罗陈瑞，郭旭昀. 有杆抽油系统诊断技术研究 [J]. 内蒙古石油化工. 2010（9）：134-136.
[4] 张琪. 采油工程原理与设计 [M]. 东营：中国石油大学出版社，2006：165-169.
[5] 王通，罗真伟. 基于 GLM-RF 算法的有杆抽油系统井下工况识别 [J]. 沈阳工业大学学报（自然科学版），2019（8）：33-37.
[6] 徐士进，尹宏伟. 有杆抽油系统故障诊断的人工神经网络方法 [J]. 石油学报，2006（2）：107-110.
[7] 刘合，王广昀，王中国. 当代有杆抽油系统 [M]. 北京：石油工业出版社，2000：211-218.
[8] 杨瑞，黄伟，辛宏，王永全，李明江. 功图法油井计量技术在长庆油田的应用 [J]. 油气田地面工程，2010（2）：55-57.
[9] 曹雄科，陈德照. 功图法油井计量技术及其影响因素浅析 [J]. 中国石油与化工，2017：51.

第五章　有杆抽油系统效率计算

第一节　系统效率

有杆抽油系统将地面电能传递给井下，转化为压能，从而举升井下液体。整个系统运作时是能量不断传递和转化的过程，在能量的每一次传递时将损失一定的能量。从地面供入系统的能量，在扣除系统的各种损失能量以后，就是系统所给液体的有效能量。这一过程将液体举升至地面的有效能量与系统输入能量之比值即为抽油机系统效率。显然不论是节约能量还是提高经济效益，都要求有杆抽油系统有较高的系统效率。

在国内的原油生产中，有杆抽油的抽油机是油田主要耗能设备，约占油田总用电量的30%左右[2]。但是，目前国内抽油机井的平均系统效率普遍低于30%[3]，资源的浪费和能耗的损失迫切需要提高抽油机井的系统效率[4]。

一、有杆抽油系统效率的影响因素

有杆抽油系统的效率与油井本身的条件有密切的关系。在油井条件一定的情况下，则主要有以下三种因素的影响[5]。

（一）技术装备

技术装备对系统效率有影响。应采用较先进的、节能型的技术装备，如特殊形状的抽油机（前置式抽油机等）、适应抽油机变工况的拖动装置、降低抽油杆摩擦的导向器和高效的抽油泵等。

（二）抽汲参数优选

一般来讲，在保证泵的吸入情况下，应尽量减小下泵深度，同时，在保证产量的前提下，为了降低能耗，应注意选择较大泵径，增加冲程并降低冲次。国外资料介绍，井深为1829m（6000ft），产液量为79.5m^3/d（5000bbl/d），对于不同杆、泵组合，当泵的冲程$S \geq 3.81$m时，其耗能明显下降。

我国的研究也表明，抽汲参数、特别是冲次对有杆抽油系统效率有明显影响，要想提高其运行效率，必须对抽汲参数进行优选。

（三）管理工作水平

管理工作水平，例如抽油机的平衡度、驴头与井口的对中情况、井口密封盒的上紧程度、传动皮带的张紧程度等都会影响有杆抽油系统效率。

总之，系统效率不仅反映机采井的节能与经济效益，而且也综合地反映了油田的技术装置、技术管理水平。

二、系统效率计算

（一）定义

（1）有杆抽油系统，包括电动机、抽油机、抽油杆、抽油泵、井下管柱和井口装置以及油层供液系统。

（2）抽油机的输入功率（$P_{入}$），即拖动抽油机的电动机的输入功率。

（3）抽油机的光杆功率（$P_{光}$），是指提升液体和克服各种阻力所消耗的功率。

（4）抽油机系统的有效功率（$P_{水}$），是指将井下液体提升到地面所需要的功率，也称为水功率。

（5）有杆抽油系统效率，是指抽油机有效功率与输入功率的比值，即

$$\eta=\frac{抽油机有效功率}{抽油机输入功率}=\frac{P_{水}}{P_{入}}\times100\% \tag{5-1}$$

抽油机工作过程中负荷是不断变化的，因而其瞬时输入功率、光杆功率、输出功率等不断变化，相应的各种瞬时效率也不断变化。为了便于研究，这里有杆抽油系统及各部分的效率主要是指抽油机每工作一个周期的平均效率，所采用的各种功率值，也是每一周期内的平均功率。

（二）系统效率分解

根据抽油机系统工作的特点，要将抽油机系统的效率分为两部分，即地面效率和井下效率。以光杆悬绳器为界，悬绳器以上的机械传动效率和电机运行效率的乘积为地面效率。悬绳器以下到抽油泵为井下效率，即

$$\eta=\frac{P_{水}}{P_{入}}=\frac{P_{水}}{P_{光}}\times\frac{P_{光}}{P_{入}}=\eta_{地}\times\eta_{井} \tag{5-2}$$

式中　$\eta_{地}$——地面效率；

　　　$\eta_{井}$——井下效率。

地面部分的能量损失发生在电动机、皮带和减速箱、四连杆机构中：

$$\eta_{地}=P_{光}/P_{入}=K\times\eta_1\times\eta_2\times\eta_3 \tag{5-3}$$

式中　K——有效载荷系数；

η_1——电动机效率；

η_2——皮带和减速箱效率；

η_3——四连杆机构效率。

由于皮带的输出功率（减速箱输入功率）不便测试，因此不再进一步将它们分开。有效载荷系数 K 是由于上下冲程时四连杆机构中能量的传递方向不同而引入的一个系数。

各个效率又可分别表示为

$$\begin{cases} \eta_1 = \dfrac{P_2}{P_1} \\ \eta_2 = \dfrac{P_3}{P_2} \\ \eta_3 = \dfrac{P_4}{P_3} \end{cases} \tag{5-4}$$

式中 P_1——电动机输入功率（即 $P_{入}$），kW；

P_2——电动机输出功率，kW；

P_3——减速箱输出功率，kW；

P_4——光杆功率（即 $P_{光}$），kW。

井下部分能量损失在密封盒、抽油杆、抽油泵和管柱中，因此：

$$\eta_{井} = P_{水}/P_{光} = \eta_4 \times \eta_5 \times \eta_6 \times \eta_7 \tag{5-5}$$

式中 η_4——密封盒效率；

η_5——抽油杆效率；

η_6——抽油泵效率；

η_7——管柱效率。

各个效率又可分别表示为

$$\begin{cases} \eta_4 = \dfrac{P_5}{P_4} \\ \eta_5 = \dfrac{P_6}{P_5} \\ \eta_6 = \dfrac{P_7}{P_6} \\ \eta_7 = \dfrac{P_8}{P_7} \end{cases} \tag{5-6}$$

式中 P_5——光杆经密封盒后传给抽油杆的功率，kW；

P_6——抽油泵的输入功率，kW；

P_7——抽油泵的输出功率，kW；

P_8——有杆抽油系统的有效功率（即 $P_{水}$），kW。

$$\eta=\eta_{地}\times\eta_{井}=K\times\eta_1\times\eta_2\times\eta_3\times\eta_4\times\eta_5\times\eta_6\times\eta_7 \tag{5-7}$$

为了确定 η、$\eta_{地}$、$\eta_{井}$ 及各部分效率 η_i 必须求得从电机输入到抽油机系统输出的各部分功率 P_i。

第二节　有杆抽油系统效率分析

一、抽油设备对系统效率的影响

国内外的研究表明，影响有杆抽油系统效率的因素较多，它不仅受抽油设备和抽汲参数的影响，而且还受油井管理水平和井况的影响。下面分别讨论这些因素对有杆抽油系统效率的影响情况[1]。

（一）抽油设备对系统效率的影响

由于能量（在这里是电能与机械能）在转换和传递过程中，总会发生不可避免的损失，所以有效功率 $P_{水}$（输出能量）一定小于输入功率 $P_{入}$，因此有杆抽油系统效率总是小于 1 的数。根据能量守恒定律，输入功率应当等于输出功率（有效功率）与损失功率 ΔP 之和，即

$$P_{入}=P_{水}+\Delta P \tag{5-8}$$

因此，有杆抽油系统效率又可以用下述形式表达：

$$\eta=\frac{P_{水}}{P_{入}}=\frac{P_{入}-\Delta P}{P_{入}}=1-\frac{\Delta P}{P_{入}} \tag{5-9}$$

由式(5-9) 可以知道，有杆抽油系统效率取决于损失功率与输入功率之比。换句话说就是，在输入功率一定的情况下，损失功率 ΔP 越大，有杆抽油系统效率越低，反之系统效率就越高。由此可以知道，要提高有杆抽油系统效率，就要努力减少有杆抽油系统各部分的功率损失。

根据有杆抽油系统的组成情况，可以把有杆抽油系统的功率损失分为 8 部分：

电动机部分的损失，包括热损失和机械损失，称为电动机损失，用 ΔP_2 表示；

带传动部分的损失，主要是传动中的摩擦损失，称为皮带损失，用 ΔP_3 表示；

减速箱部分的损失，主要是传动中的摩擦损失，称为减速箱损失，用 ΔP_4 表示；

四连杆部分的损失，主要是轴承摩擦损失和钢丝绳变形损失，称为四连杆损失，用 ΔP_5 表示；

密封盒部分的损失，主要是摩擦损失，称为密封盒损失，用 ΔP_6 表示；

抽油杆部分的损失，主要是摩擦损失和弹性变形损失，称为抽油杆部分损失，用

ΔP_7 表示；

抽油泵部分的损失，包括机械损失、容积损失与水力损失，称为抽油泵损失，用 ΔP_8 表示；

管柱部分损失，主要为水力损失，称为管柱损失，用 ΔP_9 表示。

ΔP_2-ΔP_9 构成抽油机系统的全部损失，因此有

$$\Delta P=\Delta P_2+\Delta P_3+\Delta P_4+\Delta P_5+\Delta P_6+\Delta P_7+\Delta P_8+\Delta P_9 \tag{5-10}$$

如果把有杆抽油系统的有效功率（即输出功率）$P_{水}$ 记作 ΔP_1，则有杆抽油系统的能量平衡就可以写成如下公式：

$$P_{入}=\Delta P_1+\Delta P_2+\Delta P_3+\Delta P_4+\Delta P_5+\Delta P_6+\Delta P_7+\Delta P_8+\Delta P_9 \tag{5-11}$$

式(5-11）两端除以 $P_{入}$，公式变为

$$1=(q_1+q_2+q_3+q_4+q_5+q_6+q_7+q_8+q_9)\times 100\% = \sum q_i \times 100\% \tag{5-12}$$

其中

$$q_i=\Delta P_i/P_{入}$$

式中，q_i 表示各部分功率占输入功率的百分数。

显然，$q_1=\Delta P_1/P_{入}=P_{水}/P_{入}$ 就是有杆抽油系统效率，因此从式很容易得出：

$$\eta=q_1\times 100\%=(1-q_2-q_3-q_4-q_5-q_6-q_7-q_8-q_9)\times 100\% \tag{5-13}$$

二、有杆抽油系统损耗分析

（一）电动机损失（ΔP_2）

一般的异步电动机在输出功率 P_2(60%～100%）为 P_N（额定输入功率）的条件下工作时，其效率等于或略高于额定工况下的效率 η_N，但功率因数值总数随输出功率 P_2 的降低而减小的。这里所说 60%～100%的范围，只是一个大致范围。实际上不同类型、型号的电动机是不同的。有的异步电动机其效率等于或略高 η_N 的范围，而有的电动机在 50%的额定输出工况下仍可达到额定效率 η_N。

异步电动机的额定效率 η_N 是随电动机的型号、转速和功率而变化的。从表 5-1 与表 5-2 对比可以看出，在其他参数相同条件下，新型 Y 系列电动机的 η_N 普遍高于 J02 系列电动机。另外还可以看出，两种电动机的额定效率 η_N，都是随电动机额定功率 P_N 增加而增大，随着电动机同步转速的降低而减小。

表 5-1　Y 系列（IP44）异步电动机的额定效率

同步转速 r/min	额定功率，kW										
	7.5	11	15	18.5	22	30	37	45	55	75	90
1500	87	88	88.5	91	91.5	92.2	91.8	92.3	92.6	92.7	93.5
1000	86	87	89.5	89.8	90.2	90.2	90.8	92	91.6		
750	86	86.5	88	89.5	90	90.5	91	91.7			

表 5-2　J02 系列异步电动机的额定效率

同步转速 r/min	额定功率，kW									
	7.5	10	13	17	22	30	40	55	75	100
1500	87	87.5	88	89	89.5	90	91	91.5	92	92
1000	86	87	87.5	88.5	89	89.5	90.5	91.5	92	
750	86	87	97.5	88	98.5	89	90	91		
600				87.5	88	88.5	89.5			

由于每一台电机的额定效率 η_N 都已在铭牌上给出，因此只要异步电动机工作时的负荷在（60%～100%）的范围内变化，就可以认为电动机的效率基本不变，约等于 η_N。这时，电动机损失 ΔP_2 随输出功率 P_2 的减小而减少，可由下式求得

$$\Delta P_2=\frac{P_2(1-\eta_N)}{\eta_N} \tag{5-14}$$

有杆抽油系统中电动机负荷变化剧烈而频繁。在抽油机的每一冲程中，电动机的输出功率都将出现两次瞬时功率极大值，和两次瞬时功率极小值（一般这两次极大值、极小值的数值并不相等），瞬时功率极大值可能超过 P_N，而极小值一般为负功率，即电动机不仅不输出功率，反而由抽油机拖动而发电。也就是说电动机的输出功率 P_2 的变化远远超出了 60%～100%的范围。这时电动机的效率降低，损耗也必然增大。

从表 5-1 和表 5-2 可以看出，电动机的额定效率约为 90%左右，因此当其工作负荷在 P_N 范围内时，电动机损耗 $q_2\times100\%$约为 10%左右。但从现场实测看，电动机损耗有的高达 30%～40%，由此可见，它对有杆抽油系统效率的影响相当大。

1. 电动机的损耗分类与分析

电动机的损耗分类如下：

（1）基本铜耗（P_{Cu}）。对于交流电枢绕组：

$$P_{Cu}=mI^2r \tag{5-15}$$

式中　m——相数；

I——相电流，A；

r——相电阻，Ω。

从计算公式可见，铜耗与电流平方成正比，随负载变化而改变。

（2）基本铁心损耗（P_{Fe}）。由于磁通交变，因此在铁心中产生的损耗包括磁滞及涡流损耗。

$$P_{Fe}=K_1fB^2+K_2f^2B^2 \tag{5-16}$$

式中　f——磁通变化频率；

B——磁通密度；

K_1，K_2——常数。

(3) 风摩损耗（P_{Fw}）。风摩损耗包括通风系统损耗（P_v）及轴承摩擦损耗（P_T）。

通风系统损耗主要为产生冷却电动机的气流所需的风扇总功率：

$$P_v = 9.81\frac{H \cdot V}{\eta_{风}} \propto KV^2 \tag{5-17}$$

式中 H——风扇有效压力；

V——体流量；

$\eta_{风}$——风扇效率；

K——系数。

轴承摩擦损耗计算见本书减速箱损失部分。

(4) 杂散损耗（P_2）。除上述以外的电动机损耗归于杂散损耗（简称杂耗），主要为漏磁场在金属体中的涡流损耗以及气隙中谐波磁场在定子铁心和导体中引起的损耗等等。各种电动机杂耗差别很大，一般随负载增大，杂耗约与电流平方成正比。中小型异步电动机在额定工况下，杂耗往往占输出功率的2%左右。设计不当或工艺不良，这个值可达3%～4%。

以上四类损耗可以分成两部分，即不随负载变动的不变损耗与可变损耗。不变损耗包括铁心损耗及风摩损耗，可变损耗包括铜耗及杂耗。

损耗分析电动机的工作电流与其输出功率均有一定的关系，对同一台电动机其损耗随输出功率的变化大致如图5-1所示。必须说明的是，对每一种电动机其各种损耗所占的百分比是不同的，因此图形将有变化，但其基本形状是相同的。另外实际上当负荷增加时，空气隙磁通将略为减小，转速也略为降低（通风量也相应减小）。再者当用带传动时，负荷增加，电动机轴受力也增加，图中忽略了这些较次要的变化。

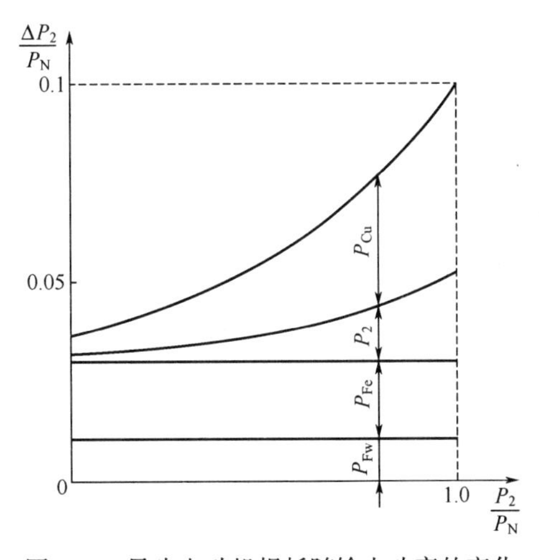

图5-1 异步电动机损耗随输出功率的变化

在已知ΔP_2及P_2的情况下，就可以由下式得到电动机效率随输出功率当的变化曲线，见图5-2。

$$\eta_1 = 1 - \frac{\Delta P_2}{P_2 + \Delta P_2} \tag{5-18}$$

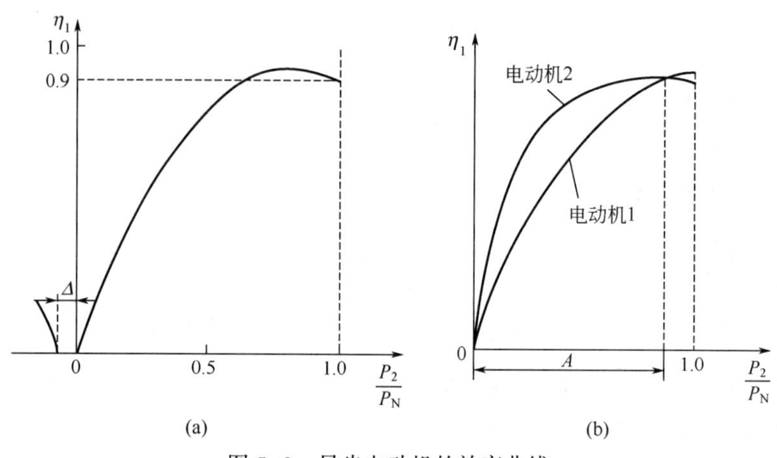

图 5-2　异步电动机的效率曲线

从图 5-2 中可以看出，正如前面所说的，当 P_2 在（60%～100%）P_N 范围变化时，电动机效率较高。同时也可以看出当电动机负荷低于 50%P_N 以后，电动机效率将急剧下降。图中横坐标 0 点的右边，电动机将处于发电状态，此时的效率为发电效率。两效率曲线之间有一段 η_1 为零的 Δ 区，这是由于从电动机轴输出的机械功首先必须克服电动机的全部内耗才能使电动机达到同步转速。

根据以上的分析，可以得出下列结论：

（1）抽油机工作时，电动机负荷变化极大（特别是当抽油机平衡不良时，其电动机输出功率甚至可能在-20%P_N 至 120%P_N 的范围内变化），因此单独根据电动机的额定效率 η_N 无法确定抽油机工作时电动机的损耗，也无法评定电动机节能性能的优劣。例如图 5-2(b) 中电动机 1 的额定效率 η_{N1} 虽然高于电动机 2 的额定效率 η_{N2}，但在抽油机上工作时，很可能电动机 2 的损耗更小，因为电动机 2 的高效区宽，输出功率在 A 的范围内效率都高于电动机 1。而这里正是抽油机电动机工作时间较多的功率范围。为了尽量减小电动机的损耗，应尽可能选用高的额定效率 η_N 和高效范围宽的电动机。为此，在选择抽油机用电动机时，应要求电动机生产厂家提供完整的电动机外特性曲线。

（2）为了降低抽油机电动机的损耗，提高其工作时的平均效率，应尽量使电动机工作时的平均功率达到电动机额定功率的 35%以上。如电动机工作时的负载与装机功率相比过小，则应换用额定功率较小的电动机。在无小型电机可换的情况下，可采用下面提到的方法，将电机绕组从 Δ 形接法改为 Y 形接法（通常供应的 JO2 和 Y 系列电机都是 Δ 形接法）。

2. 电压变动对电动机效率的影响

电动机铭牌上电压值是电动机设计时的依据，实际运行时电网上电压是波动的，我国规定低压系统中电压允许变化范围内 10%。国内外许多资料表明，电压低于额定值不超过 10%时，降压往往是节电的。美国南加利福尼亚爱迪生公司在保证供电电压合格范围内，降低配电压 2%～3%，无论对住宅、商业和工业负荷都起到节电的效果（表 5-3）[6]。

表 5-3　美爱迪生公司降压运行测试表

变电所线路	负荷性质	统计日数	平均电压降低，%	平均电度数下降，%	平均千瓦下降，%	电压变更周期
Covina	住宅 98%商业 2%	549	2.43	3.01	2.98	周
Waiunl	住宅 90%商业 10%	499	2.12	3.41	3.42	周
Hala 12	商业 100%	499	2.12	3.59	2.74	周
Vevnon	工业 92%商业 8%	574	2.25	1.03	0.28	日
10circuits						

我国企业电压变动的运行情况也表明[11]（表 5-4），降压运行（-5%左右）能够节电，而升压（+5%左右）则增加电能消耗。当然降压范围不能太大，否则将引起电动机起动困难及某些重载负荷过电流等问题。

表 5-4　不同电压运行的几个工厂实测数

厂名	湖州绸厂			达昌绸厂			永吕绸厂		
电压，V	398	380	360	390	375	360	395	380	363
电流，A	480	455	440	740	720	680	550	540	530
有功，kW	331.5	307.7	292.7	510	474.3	432.2	391.5	372.9	359.8
无功，kW	300	245	210.5	180	150	102.9	67.8	42.1	27.35
$\cos\phi$	0.74	0.78	0.81	0.92	0.95	0.97	0.99	0.994	0.997
有功节电率，%		7.18	11.7		7.0	15.3		4.75	8.1
无功节电率，%		18.4	30		16.7	42.8			37.7

由于抽油机的工作特点，抽油机电动机的装机功率一般较大，而其功率利用率一般较低（约 30%左右），属于轻载运行。如将抽油机电动机降压运行，就可提高电动机效率，从而提高有杆抽油系统效率。

抽油机电动机降压运行的方法之一是 Δ-Y 转换。由 Δ 接改为 Y 接，相当于定子绕组电压减到 $1/\sqrt{3}$。这个方案的优点是转换器简单，不消耗功率，节电效果明显。如大庆采油九厂在四口抽油机井上采用 Δ-Y 转换，单井耗电下降 20.2%，系统效率提高 6.3%。这个方案的主要缺点是转换时电动机处于过渡过程状态，这时由瞬变电势及剩磁产生的电势往往与电源电压相位有差别。严重时，产生电压相加，使电动机电压高于额定电压，引起冲击电流，它一般大于正常启动电流，有时可达20倍额定电流，使转换器中触头烧坏。

（二）皮带传动损失（ΔP_3）

1. 皮带传动损失的分类

一类是与载荷无关的损失，它包括：（1）绕皮带轮的弯曲损失，它与皮带的结构、种类及皮带的直径有关；（2）进入与退出轮槽的摩擦损失，它与皮带轮安装误差、皮带与轮槽尺寸误差等因素有关；（3）风阻损失；（4）多条皮带传动时，由于皮带长度误差及轮槽误差过大造成的各皮带间载荷不均而发展成某些带呈制动状态下的干扰封闭功率损失。

另一类是与载荷有关的损失，它包括：弹性滑动损失、打滑损失、皮带与轮槽间径向滑动摩擦损失等。

2. 皮带传动损失的计算

一般情况下，弯曲损失（ΔP_{3m}）和弹性滑动损失（ΔP_{3s}）为主。

弯曲损失功率可用下式计算：

$$\Delta P_{3m} \approx \frac{E_b I}{\rho} \cdot \frac{\pi n}{30\alpha} \times 10^{-3} \tag{5-19}$$

式中 ΔP_{3m}——皮带绕轮弯曲损失功率，kW；

E_b——皮带纵向弯曲弹性模量，MPa；

I——皮带截面惯性矩，mm^4；

ρ——皮带轮半径，mm；

n——转速，r/min；

α——包角，rad。

弹性滑动损失功率可用下式计算：

$$\Delta P_{3s} = \frac{F^2 v}{E_L A} \times 10^{-3} \tag{5-20}$$

式中 ΔP_{3s}——弹性滑动损失功率，kW；

v——速度，m/s；

A——皮带截面积，mm^2；

E_L——拉伸弹性模量，MPa；

F——有效拉力，N。

从式(5-19)及式(5-20)可知，为了减少皮带传动损失提高传动效率，应当减少皮带的纵向弯曲模量和截面惯性，并增加皮带的拉伸弹性模量和皮带轮的曲率半径。

表 5-5 列出各类皮带的传动效率[7]。

表 5-5　皮带传动效率

带的种类		效率，%
平带		83~98
有张紧轮的平待		80~95
普通 V 带	帘布结构	87~92
	绳芯结构	92~96
窄 V 带		90~95
多楔带		92~97
同步带		93~98

从表 5-6 中可以看出，皮带的传动效率可以高达 98%，即其传动损失仅 2%。所以皮带传动与其他高效率传动如齿轮传动、链条传动等相比并不逊色。齿形带的滑动损失虽然比窄 V 带小，但在传动带与轮的制造精度不够时，进入与退出轮槽等损失将会大大增加，反到不一定比窄 V 带节能。

（三）减速箱损失（ΔP_4）

1. 轴承损失（P_t）

减速箱中有三副轴承，一般为滚动轴承。轴承摩擦损失的一般形式为

$$P_t = 96.2 G v_s f \tag{5-21}$$

式中　G——承承受的负荷，N；

v_s——承线速度，m/s；

f——摩擦系数。

关于 f 的值，可参考表 5-6。

表 5-6　各类轴承摩擦系数

轴承类型	f
单列向心球轴承	0.0022~0.0042
双列向心球面轴承	0.0016~0.0066
单列向心推力轴承	0.002~1.005
单列向心短圆柱滚子轴承	0.0012~0.006

润滑油对损失也有明显影响，见图 5-3。

滚动轴承内油脂填加多少也影响损耗[6]，见表 5-8。当然，油脂填加应与检修期相适应。一副轴承的损失约为 1%，减速箱三副轴承的损失约为 3%[8]。

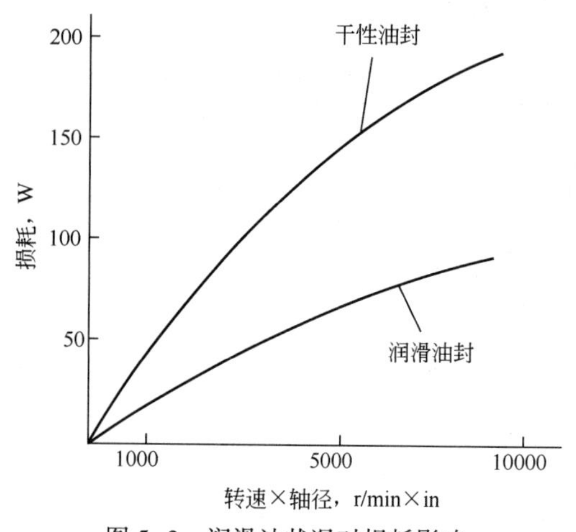

图 5-3 润滑油状况对损耗影响

2. 齿轮损耗（P_c）

减速箱中，一般有三对人字齿轮，齿轮在传动时，相啮合的齿面间有相对滑动，因此就要发生摩擦与损失，增加动力消耗，降低传动效率。

在齿轮啮合面间加注润滑剂可以避免金属直接接触，减少摩擦损失。

一对齿轮传动功率损失约为 2%，于是抽油机减速箱三对齿轮传动共损失 6%[1]。

综上，减速箱功率的总损失约为 9%~10%，换句话说抽油机减速箱的传动效率约为 90%，这是在润滑良好情况下的数据，如果减速箱润滑不良，减速箱的损失还将增加，效率将下降（表 5-7）。

表 5-7 油脂填加情况对损耗的影响

功率 kW	极数	轴承	损耗 P_c，W		
			油脂填满	油脂填 30%	损耗差别
4	2	206，206	194	180	14
4	4	308，308	217.6	200	17.6

（四）四连杆机构的功率损失（ΔP_5）

在抽油机四连杆机构中共有三副轴承和一根钢丝绳。四连杆机构的损失主要包括摩擦损失及驴头钢丝绳变形损失。

1. 轴承功率损失（P_T）

轴承功率损失的计算见减速箱损失部分。三副轴承的功率损失约为 3%。

2. 钢丝绳的变形损失（P_s）

在抽油机驴头上悬挂抽油杆的钢丝绳反复与驴头接触发生挤压变形，同时由于悬点载荷周期性变化反复被拉伸，因此产生变形损失。

钢丝绳的变形损失约为 2%[9]，即钢丝绳的传动效率为 98%。

综合考虑轴承与钢丝绳，抽油机四连杆机构的能量损失约为5%，即四连杆的传动效率约为95%。当然，如果四连杆机构的轴承润滑保养不良，损失将增加，效率将下降。

（五）密封盒功率损失（ΔP_6）

为了防止油气从光杆处漏失，所以在抽油机井口安装密封盒。抽油机工作时，由于光杆与密封盒中填料有相对运动产生摩擦，故会产生功率损失。密封盒密封属于接触密封，接触密封的接触力使密封件与被密封面接触处产生摩擦力。一般说来，摩擦力随工作压力、压缩量、密封材质、胶料硬度、接触面积等增大而增大，随运动速度、温度等提高而减少。

密封盒与光杆处摩擦力可按下式计算：

$$F=9.8fK\pi dh_1p \tag{5-22}$$

式中 F——摩擦力，N；

f——摩擦系数，主要受密封圈材质与密封圈型式影响，变化范围较大；

K——系数，V形夹织物圈取$K=1.59$，其他密封圈取$K=1$；

d——光杆直径，m；

h_1——密封有效高度，m；

p——密封处的工作压力，即井口油管压力，Pa。

式(5-22)是在正常情况下（悬绳器、密封盒与井口在同一直线上）摩擦力的计算公式，如果抽油机安装不对中，光杆与密封盒的摩擦力将成倍增加。另外，式(5-22)中的摩擦系数（f）受多种因素影响，变化范围很大。这里需要特别指出的是，它主要受密封材质的影响。室内试验表明，不同填料材质（如橡胶与石墨），摩擦力相差近10倍。

根据功率的定义，可得密封盒功率损失的计算公式如下：

$$\Delta P_6=Fv/1000 \tag{5-23}$$

式中 F——摩擦力，N；

v——杆运动速度，m/s。

如上所述，要准确地确定摩擦力（F）或摩擦功（ΔP_6）很难，目前只能靠实测或试验，理论计算方法只作概略估计或定性分析之用。

（六）抽油杆功率损失（ΔP_7）

在抽油过程中，抽油杆上下往复运动，在抽油杆与油管间、抽油杆与液体间会产生摩擦造成功率损失。在斜井、定向井中抽油时，抽油杆（或接箍）和油管间将产生摩擦力，甚至达到很大的值，这是所共知的，但在直井中抽油时，也要产生摩擦力。因为一方面所谓直井是相对的，总是有一定斜度。在抽油过程中，产生一定摩擦。另一方面，即使在直井中抽油，抽油杆在下冲程中，总要产生弯曲，使抽油杆（或接箍）与油管接触产生摩擦力。由于摩擦力的作用方向与抽油杆的运动方向相反，所以它对上下冲程中悬点载荷的影响是不同的。

上冲程时，抽油杆向上，摩擦力的作用方向向下，摩擦力增加了悬点载荷。

下冲程时，抽油杆向下，摩擦力的作用方向向上，摩擦力减少了悬点载荷。

上面的分析表明，摩擦力增加了悬点最大载荷，减少了悬点最小载荷，加大了载荷的变化幅度、不平衡性及扩大了示功图面积，这不但给抽油机的工作带来了不利影响，而且使功率消耗大大增加。

对于低黏度油井，抽油杆与液体间的摩擦力很小，只有 100~200N，完全可以忽略不计。当油井中原油黏度很大，从几百到几千厘泊时，抽油杆与液体间的摩擦力有时可达 10000~15000N，对悬点载荷影响很大。

为了说明摩擦力对悬点载荷的影响，现以原油黏度对悬点载荷的影响为例来说明这个问题。图 5-4 中给出了不同黏度时示功图的变化情况。

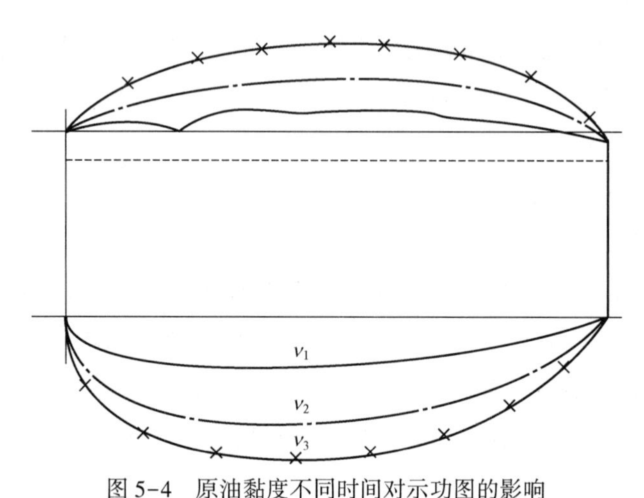

图 5-4　原油黏度不同时间对示功图的影响

（运动黏度 $\nu_1<\nu_2<\nu_3$，冲数 $n=3\text{min}^{-1}$，冲程长度 $s=1.8\text{m}$）

由图可见，随着原油黏度的增加，液体摩擦力增加，悬点的最大载荷增加而悬点最小载荷减小，载荷变化幅度与示功图面积都扩大，功率消耗增加。

在一个循环中抽油杆与液体总黏滞摩擦功可用下式计算[10]：

$$P_{摩}=2\pi\mu\left\{\left[\frac{1}{\ln m}+(B_1+1)\right]\int_0^T\left(\frac{\partial u}{\partial t}\right)^2\mathrm{d}t\mathrm{d}x+\frac{4}{B_2}(B_1+1)\int_0^L\int_0^T\frac{\partial u}{\partial t}\bigg|_{x=L}\frac{\partial u}{\partial t}\mathrm{d}t\mathrm{d}x\right\} \tag{5-24}$$

其中

$$m=r_1/r_0$$

式中　L——抽油杆柱长度；

t——时间；

$u(x,t)$——抽油杆柱不同断面不同时间的位移；

T——抽汲循环周期；

x——抽油杆长度；

μ——液体动力黏度；

m——系数；

r_0——抽油杆半径；

r_1——油管半径。

$$B_1=\frac{m^2-1}{2\ln m}-1$$

$$B_2=m-1-\frac{(m^2-1)^2}{\ln m} \tag{5-25}$$

从上式可以看出，抽油杆与液柱间的摩擦耗功与下泵深度（L）、原油黏度（μ）成正比，与抽油杆运动速度$\left(\frac{\partial u}{\partial t}\right)$的平方成正比。

抽油杆（或接箍）与油管间的摩擦功与井本身的斜度关系极大，每口井的情况都不一样。很难计算，目前只能靠试验与实测。

（七）抽油泵功率损失（ΔP_8）

抽油泵功率损失包括机械摩擦损失功率（$\Delta P_{机}$）容积损失功率（$\Delta P_{容}$）和水力损失功率（$\Delta P_{水}$），即

$$\Delta P_8=\Delta P_{机}+\Delta P_{容}+\Delta P_{水} \tag{5-26}$$

1. 抽油泵机械摩擦损失功率（$\Delta P_{机}$）

抽油泵的机械摩擦损失功率主要是指柱塞与衬套之间的机械摩擦所产生的功率损失，一般情况下其值较小。图 5-5 为抽油泵柱塞与泵筒相对位置示意图。

柱塞与衬套间的摩擦力心的计算公式为[11]

$$F_{机}=\pi d\left(10^6\frac{\Delta ph}{4}+\frac{1}{60}\frac{\mu l}{\sqrt{1-\varepsilon^2}}\cdot\frac{2nS}{h}\right)=\pi d\left(10^6\frac{\Delta ph}{4}+\frac{1}{30}\frac{\mu l}{\sqrt{1-\varepsilon^2}}\cdot\frac{nS}{h}\right) \tag{5-27}$$

其中

$$\varepsilon=e/h$$

$$h=r_2-r_3$$

式中 Δp——柱塞两端压差，MPa；

h——柱塞与衬套间径向间隙，mm；

r_2——筒内半径，mm；

r_3——柱塞外半径，mm；

μ——液体黏度，Pa · s；

l——柱塞长度，m；

ε——偏心率；

e——偏心距，m；

n——有杆抽油泵冲次，min^{-1}；

S——有杆抽油泵冲程，m；

d——柱塞直径，m。

摩擦损失功率 $\Delta P_{机}$ 的计算公式为

$$\Delta P_{机}=\frac{1}{10^3\times 60}\pi dnS\left(10^6\frac{\Delta ph}{2}+\frac{1}{60}\frac{l\mu nS}{\sqrt{1-\varepsilon^2 h}}\right) \tag{5-28}$$

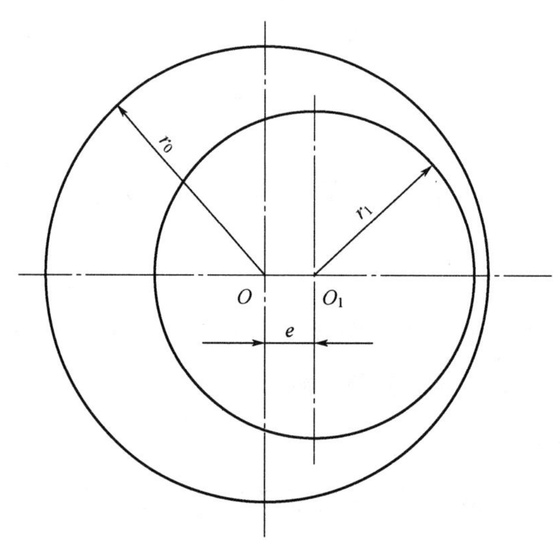

图 5-5 抽油泵柱塞与泵筒相对位置示意图

2. 抽油泵容积损失功率（$\Delta P_{容}$）

抽油泵容积损失功率主要是指柱塞与衬套之间漏失所产生的功率损失。柱塞与衬套之间的漏失量 ΔQ 的计算公式为[9]

$$\Delta Q=10^6\frac{\pi d\Delta ph^3}{24\mu l}(1+1.5\varepsilon^2) \tag{5-29}$$

漏失损失功率（$\Delta P_{容}$）的计算公式为

$$\Delta P_{容}=10^9\frac{\pi d\Delta p^2 h^3}{24\mu l}(1+1.5\varepsilon^2) \tag{5-30}$$

3. 抽油泵水力损失功率（$\Delta P_{水}$）

抽油泵水力损失功率主要是指原油流经泵阀时由于水力阻力引起的功率损失。流体流经泵阀的损失压差 $\Delta P_{阀}$ 的计算公式为[12]

$$\Delta P_{阀}=10^{-6}\xi\rho\frac{Q^3}{2A^2} \tag{5-31}$$

式中 Q——流体流经泵阀孔的流量，m^3/s；

A——泵阀阀座孔面积，m^2；

ξ——流体流经阀球的阻力系数，取 $\xi=2.5$；

ρ——流体的密度，kg/m^3。

损失功率 $\Delta P_{水}$ 的计算公式为

$$\Delta P_{水}=10^{-3}\xi\rho\frac{Q^3}{2A^2} \tag{5-32}$$

为了检验抽油泵上述三项损失功率计算公式的准确性，大庆石油学院曾在试验台测试了容积损失（$\Delta P_{容}$）和水力损失（$\Delta P_{水}$）（因机械损失数值太小，未作测试），并对三项功率损失进行了理论计算，测试与计算结果见图 5-6、图 5-7、图 5-8 及图 5-9。

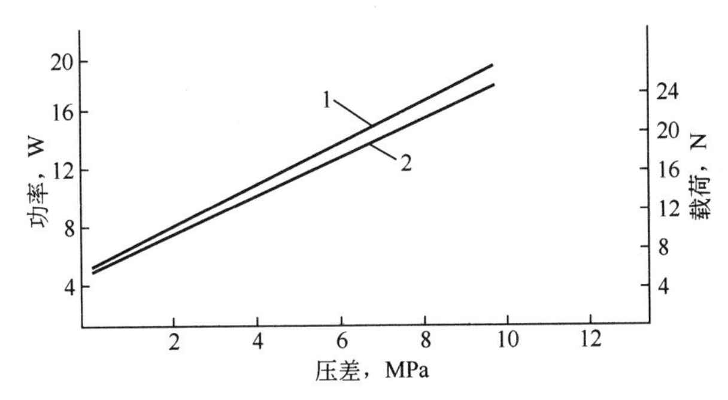

图 5-6　柱塞与衬套摩擦载荷和功率损失

1—摩擦功率；2—摩擦载荷

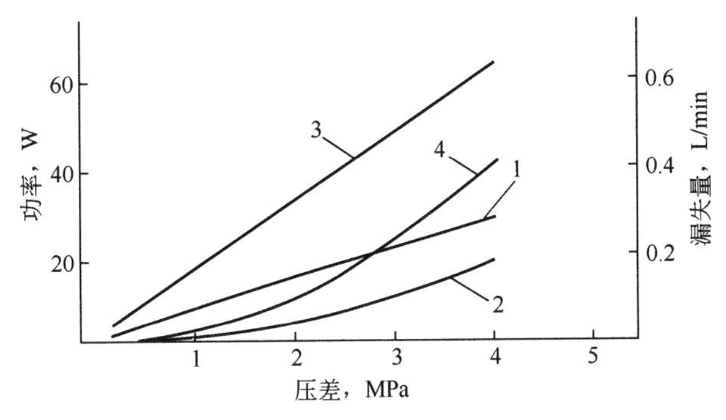

图 5-7　柱塞与衬套间漏失量和容积损失功率

1—实测漏失量；2—实测容积损失功率；

3—计算漏失量；4—计算漏失损失功率

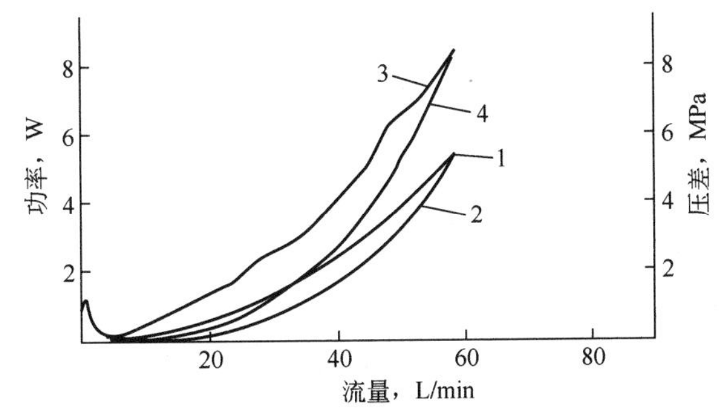

图 5-8　排出阀水力损失压差与功率损失

1—实测损失压差；2—实测损失功率；3—计算损失压差；4—计算损失功率

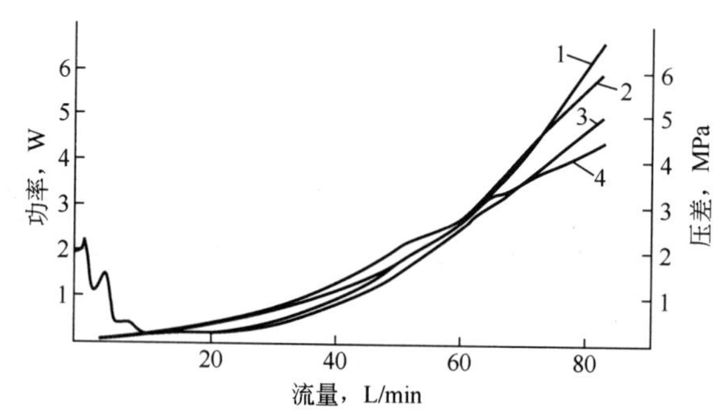

图 5-9　吸入阀水力损失压差与功率损失

1—实测损失压差；2—实测损失功率；3—计算损失压差；4—计算损失功率

由以上图可见，正常情况下，抽油泵的三项功率损失相对较小；理论计算与实测结果基本一致；当原油黏度低时，抽油泵的功率损失主要为漏失损耗，当黏度高时，主要为机械摩擦损失。

（八）管柱功率损失（ΔP_9）

管柱损失包括两项：一是油管漏失引起的功率损失即容积损失率（$\Delta P_{9容}$），二是由于原油沿油管流动引起的功率损失即水力损失（$\Delta P_{9水}$）。

1. 容积功率损失

油管漏失原因主要有两个方面。一是作业质量不高，造成油管漏失；另一方面是油管工作一段时间造成螺纹等处漏失（这是由于一个冲程内，油管加载卸载各一次引起油管振动）。油管漏失产生的容积功率损失可按下式计算：

$$\Delta P_{9容} = 10^3 \Delta P \cdot \Delta Q_{油漏} \tag{5-33}$$

式中　ΔP——油套空间压力差，MPa；

$\Delta Q_{油漏}$——油管漏失量，m^3/s。

2. 水力功率损失

当抽油机上冲程时，排出阀关闭，油柱在有杆抽油泵柱塞的作用下沿油管向上运动，在油柱与油管内壁产生摩擦。引起水力损失功率。由于油管中流速较小，多为层流，所以油管中沿程水力损失可按下式计算：

$$\Delta h_{油管} = \sum_{i=1}^{n} \lambda_i \frac{l_i}{d_{i当}} \cdot \frac{u_i^2}{2g} \tag{5-34}$$

式中　i——抽油杆级数；

λ_i——与第 i 级抽油杆相应油管沿程摩阻系数；

l_i——与第 i 级抽油杆相应油管长度，m；

$d_{i当}$——与第 i 级抽油杆相应油管的当量内径，m；

u_i——与第 i 级抽油杆相应油管中液体流速，m/s；

g——重力加速度，m/s^2。

油管中水力损失功率为

$$\Delta P_{9水} = \Delta h_{油管} \rho \cdot g \cdot Q/1000 \tag{5-35}$$

式中 $\Delta h_{油管}$——油管中沿程水力损失，m；

Q——油管流量，m^3/s；

ρ——液体密度，kg/m^3；

g——重力加速度，m/s^2。

整个油管中的损失功率为容积损失功率和水利损失之和，即

$$\Delta P_9 = \Delta P_{9容} + \Delta P_{9水} \tag{5-36}$$

三、技术管理对系统效率的影响

国内外的研究都表明，技术管理工作对抽油机井系统效率影响很大。

有杆抽油系统效率的计算公式可写为

$$\eta = \frac{P_{水}}{P_{水} + \Delta P_{耗}} \times 100\% \tag{5-37}$$

式中 η——有杆抽油系统总效率，%；

$P_{水}$——有杆抽油系统有效功率，kW；

$\Delta P_{耗}$——有杆抽油系统无效耗功，kW。

其中，$\Delta P_{耗}$受多种因素影响，但主要受油井深浅、油的黏度、机型和抽汲参数等因素影响。大庆萨南试验区推算了有杆抽油系统效率（η）而与水力功率（$P_{水}$）的关系见表5-8。

表5-8 抽油机系统效率与水力功率关系

$P_{水}$，kW	0	0.5	1	1.5	2.0	2.5	3.0	3.5	4.0	4.5
η,%	0	7.0	13.0	18.5	23.0	27.0	31.0	34.6	37.7	40.5

从表5-8可以看出，当有效功率为零时，系统效率为零，随着有效功率即水力功率的增加，有杆抽油系统效率增加。从这里可以看出，要想提高有杆抽油系统效率，必须提高水力功率，否则很难达到目的。这是因为有杆抽油系统在井上运行时其系统存在一定的摩擦耗功，其值对一定井况、机型与抽汲参数变化不大。由于纯机械摩擦功率基本一定，当有效功率过小时，势必造成系统效率过低。

有杆抽油系统有效功率可写为

$$P_{水} = \frac{\alpha H Q_{理} \rho g}{1000} \tag{5-38}$$

式中 $P_{水}$——抽油机有效功率，kW；

H——有效扬程，m；

$Q_{理}$——有杆抽油泵理论排量，m^5/s；

α——有杆抽油泵排量系数（采油工艺中常称为泵效），%；

ρ——液体密度；kg/m^3；

g——重力加速度，m/s^2。

从式(5-38) 可以看出，抽汲参数恒定时，有效功率主要受有效扬程与有杆抽油泵排量系数的影响。

一般讲，随着有效扬程的增加，有杆抽油系统效率增加。为了提高有杆抽油系统效率，就必须确定一个合理的举升高度。大庆采油二厂根据系统效率与合理举升高度之间的关系，推导了合理举升高度的计算公式：

$$H_0=L+107.6\rho_{油}+\frac{156.6KL(1-f_w)}{f_w+0.86(1-f_w)}-\frac{H}{f_w+0.86(1-f_w)}\times\sqrt{[2.307K(1-f_w)]^2+0.0057K(1-f_w)(L+107.6\rho_{油})}$$

式中 L——泵挂深度，m；

$\rho_{油}$——油的密度，kg/m^3；

K——气油比；

f_w——含水率，%；

H_0——合理举升高度，m。

该公式适用于非漏失井。当已知井的泵挂、气油比、油床和含水率时，就可求得该井的合理举升高度。采取相应的措施，使举升高度保持在合理值附近，即可使系统效率达到较高水平。

四、抽汲参数对系统效率的影响

研究与实验表明，抽汲参数（冲次 n、冲程 S、泵径 D、泵深度 L 以及抽油杆尺寸）对有杆抽油系统效率（特别是井下耗能或井下效率）影响较大[5][12]。

在需要最大光杆功率的系统中使用了小直径的泵，就必须在长冲程和高冲次下工作，故需要的光杆功率就大；然而，在需要最小光杆功率的系统中，由于采用了较大直径的泵，因此可在较小的冲程和较低的冲次下工作，故需要的光杆马力最小。

显然，水力功率相同时，一个系统所需的光杆功率可能与另一系统光杆功率有很大差别。由此可见，必须对有杆抽油系统必须进行优化设计，在保证产量要求的前题下使其耗能最低，效率最高。

（一）冲程和冲次对系统效率的影响

图 5-10 和图 5-11 是在泵径 $D=56mm$ 和 $L=1100mm$ 情况下在大庆采油九厂水力模型试验井测得的 η—H 曲线。从图可以看出，无论常规抽油机或异相曲柄平衡抽油机，对于同一有效扬程（或举升高度），抽汲参数不同，有杆抽油系统效率不同，而且差别较大。

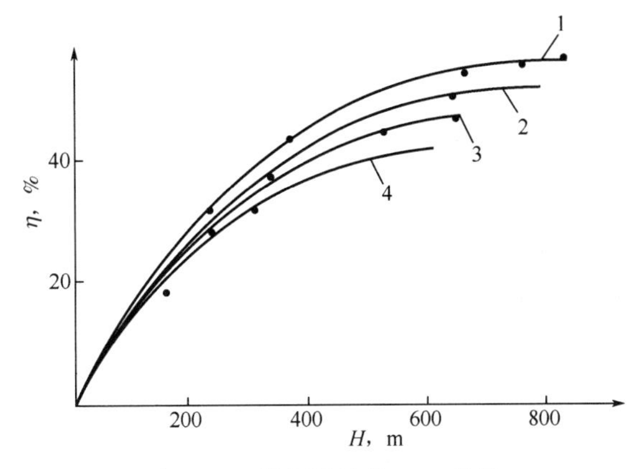

图 5-10　常规抽油机 $\eta-H$ 曲线

1—S=2.622m，n=6min^{-1}；2—S=2.622m，n=9min^{-1}；

3—S=2.622m，n=12min^{-1}；4—S=3.048m，n=12min^{-1}；

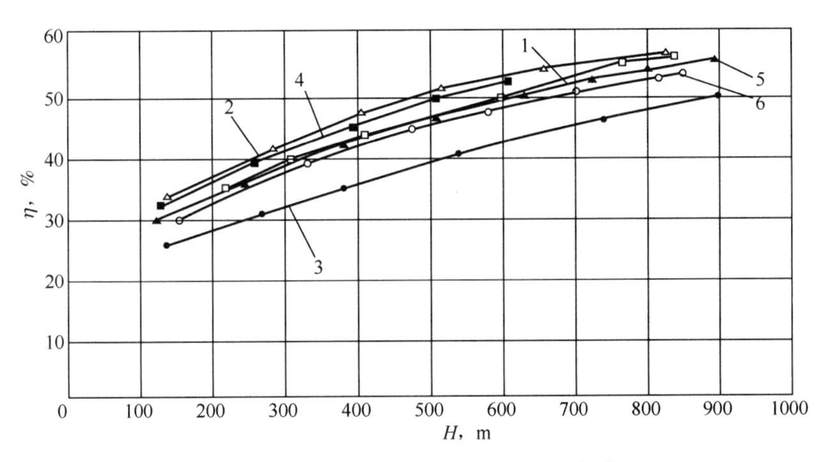

图 5-11　异相曲柄平衡抽油机 $\eta-H$ 曲线

1—S=2.44m，n=6min^{-1}；2—S=2.44m，n=9min^{-1}；

3—S=2.44m，n=12min^{-1}；4—S=2.94m，n=6min^{-1}；

5—S=2.94m，n=9min^{-1}；6—S=2.94m，n=12min^{-1}；

（二）抽油杆尺寸对耗能的影响

前人研究了抽油杆尺寸对耗能的影响[11]，给出了对于 38.1mm、44.45mm 和 50.8mm 的泵，当抽油杆尺寸不同时电费成本的变化如图 5-12、图 5-13 和图 5-14 所示。图中，由于举升高度和产量一定，电费成本的变化相当于系统效率的变化。

由图可知，较重的抽油杆柱能耗较大。无论哪一种杆柱，随着冲程长度的增加，冲次下降，其能耗下降。对于某一特定的杆柱有某一最小冲程才能使其耗能较低。

根据单一的一种抽油杆柱配以各种泵径做出的年电费成本[11]，如图 5-15、

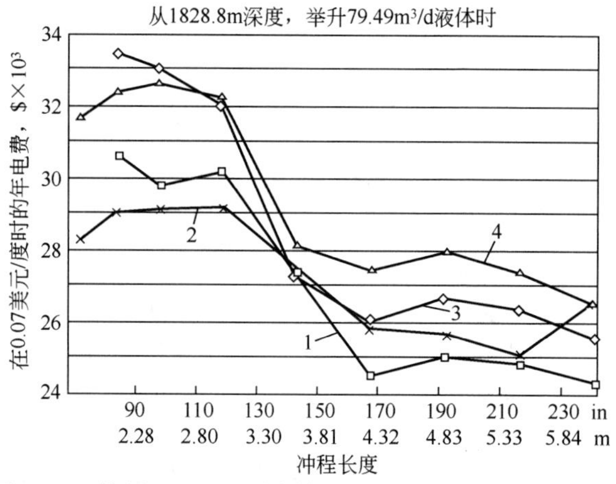

图 5-12 使用 38.1mm 泵在抽油杆尺寸不同时的电费成本

1—75 号杆；2—76 号杆；3—85 号杆；4—86 号杆

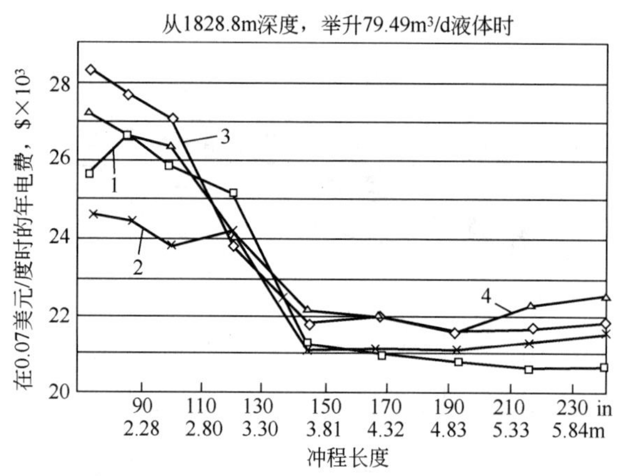

图 5-13 使用 44.45mm 泵在抽油杆尺寸不同时的电费成本

1—75 号杆；2—76 号杆；3—85 号杆；4—86 号杆

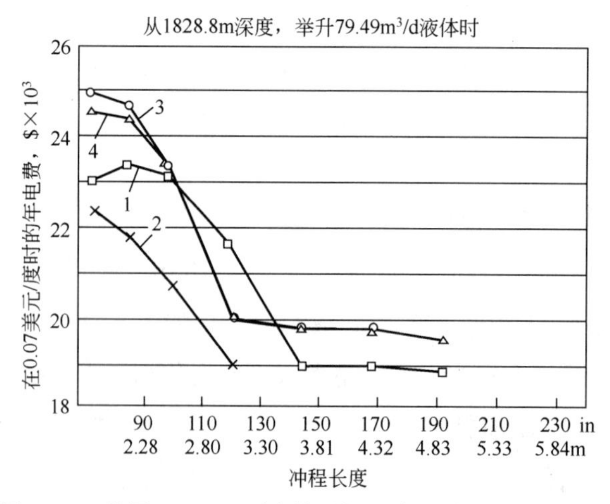

图 5-14 使用 50.8mm 泵在抽油杆尺寸不同时的电费成本

1—75 号杆；2—76 号杆；3—85 号杆；4—86 号杆

图 5-16 和图 5-17 所示。

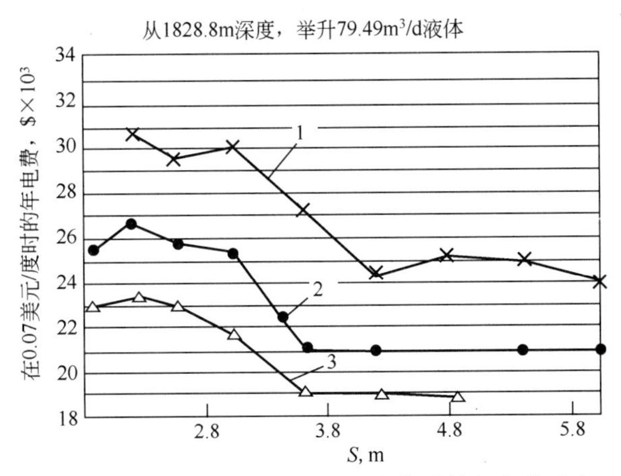

图 5-15　使用 75 号抽油杆泵径变化时的年电费成本

1—38.1mm 泵；2—44.45mm 泵；3—50.8mm 泵

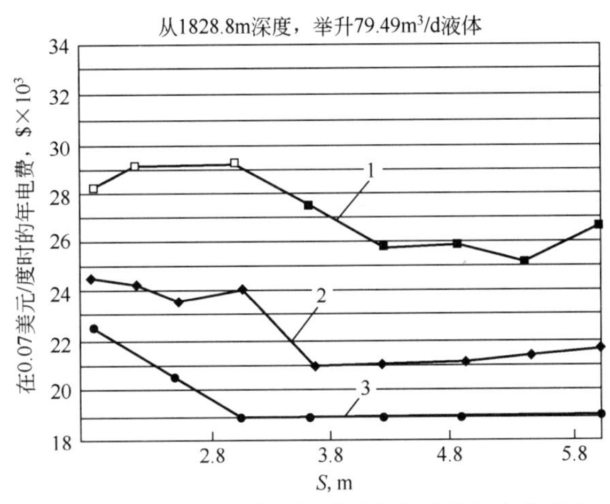

图 5-16　使用 76 号抽油杆泵径变化时的年电费成本

1—38.1mm 泵；2—44.45mm 泵；3—50.8mm 泵

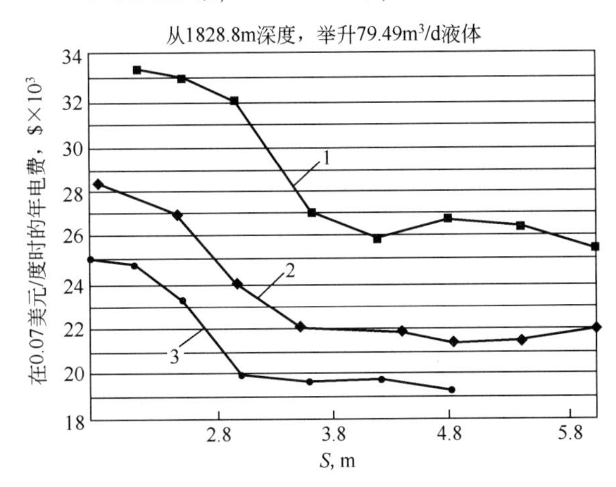

图 5-17　使用 85 号抽油杆泵径变化时的年电费成本

1—38.1mm 泵；2—44.45mm 泵；3—50.8mm 泵

从图中可以看出，较大泵径配以合理的最小冲程，可以使能耗最小，即系统效率最高。其原因是大直径的泵，可以在较低的抽汲速度下得到所要求的产液量，从而使水力损失和摩擦损失减小。因此其系统效率较高。但是要注意的是，大直径泵的使用，往往要受到套管尺寸及油管尺寸以及抽油杆强度的限制。

第三节　提高有杆抽油系统效率的措施

提高有杆抽油系统效率的措施主要包括采用节能型机采油设备、加强管理及抽汲参数优选等方法，本节介绍几种比较实用、节能幅度大的措施[1]。

一、系统效率控制图

图 5-18 是大庆油田推广的系统效率控制图的应用实例。控制图的横坐标代表有杆抽油系统效率，纵坐标代表抽油泵吸入口压力。全图分为五个区：一区、二区、三区、控制区和调整区。其中一区和二区表示有杆抽油系统设计选择合理、抽汲参数匹配得当，管理较好，系统效率较高；第三区表示机采设备选择过大，或抽汲参数匹配得不好，或油井供液能力过小，造成系统效率过低；调整区表示机采设备选择过小，或抽汲参数设计不合理，或油井供液能力过强等，造成泵吸入口压力过高，系统效率过低，控制区表示系统效率较高，但泵吸入口压力过高。通过测试及计算，可以得到每口井有杆抽油系统效率与泵吸入口压力，然后绘制在系统效率控制图上。这样管理工作者根据系统效率控制图，就能够了解全区抽油机井的系统效率情况。凡处于一区、二区的井属于

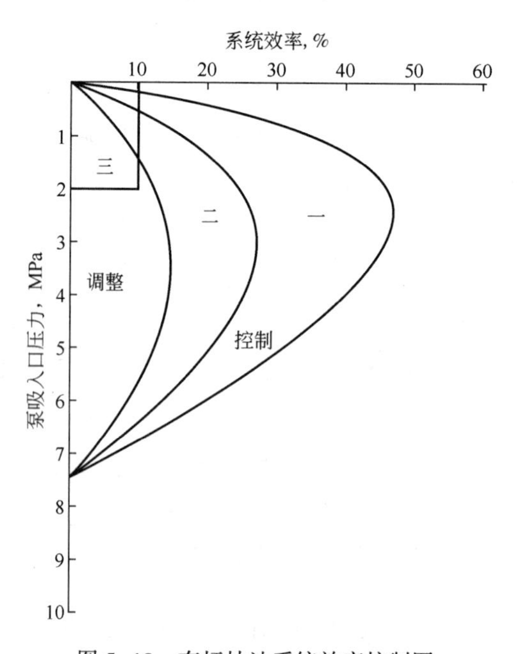

图 5-18　有杆抽油系统效率控制图

正常。凡处于三区及“调整区”的井都属于非正常，应尽快采取相应措施。凡处于“控制区”的井，表示基本正常。如任务急，可暂缓处理，如任务安排开始，可适当调整。

二、抽油机电动机调济库

电气设备在运行中经常会有空载或轻载的时候，大家喜欢用“大马拉小车”形象地形容电气设备的轻载。“大马”指的是电气设备的能力（容量、功率）大；“小车”则指负载（各种工作机）量小，即所需的功率较小，大家常提到的“大马”主要指最常用的电动机，当它与被拖动的机械不配套而容量过大时，即“大马拉小车”。

“大马拉小车”的结果是使电动机电能利用率变差，对提高有杆抽油系统效率极为不利。如图 5-19 所示，当电动机负载率下降到一定程度（如 40%~50%）时，将消耗大量的有用功与无用功。比如，一台 10kW 的电动机带动一台 2kW 的负载时，负载率则为 20%，在这个负载下，电动机的效率只有 50%，而电源实际上就要提供 4kW 的功率。但是，假设换成 2.5kW 的电动机，则负载率就上升为 80%，电动机效率达 91%，那么此时只需要电源供给 2.2kW 的功率就够了。因此，克服“大马拉小车”问题是至关重要的。

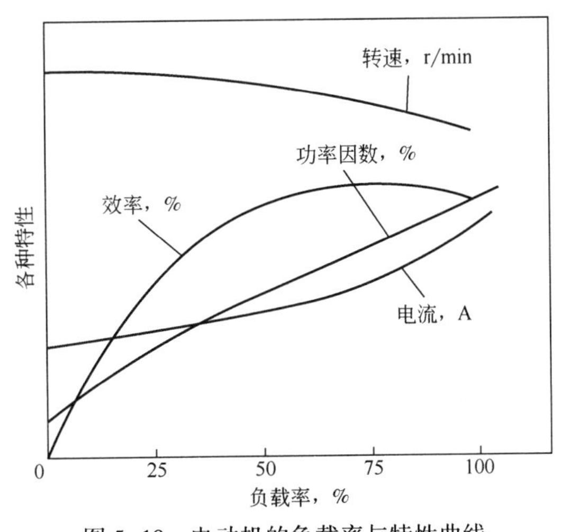

图 5-19　电动机的负载率与特性曲线

抽油机电动机处于轻载运行的原因有两种：一是抽油机负载特性造成的，使抽油机电机在一个冲程里相当一部分时间里处于轻载运行，另一个原因是设计时选型过大（当然电动机容量就过大），使电动机处于轻载运动。

为了解决抽油机“大马拉小车”的问题，专家们建议以采油厂或采油矿为单位建立“抽油机电动机调济库”。其建立过程为：以采油厂或采油矿为单位，准备各种型号的抽油机电动机，形成“电动机库”，周期性的测试抽油机电机的实耗功率，按功率利用率加以分类排队。功率利用率在 40%~50%者为正常，利用率超过 50%者为过载。功率利用率不足35%者为“大马拉小车”。解决办法：将装机功率下调，换上合适功率等级的电动机。将换下来的电动机放入修理库，以备再用。虽然建立“抽油机电机调济库”会给抽油机的设计、管理带来困难，但对节能工作确大有益处。

三、推广异相曲柄平衡抽油机与前置型抽油机

国内外的研究与实践一一表明，异相曲柄平衡抽油机与前置型抽油机节能幅度大，适应范围广，应积极推广。一般来讲，悬点载荷在12t以下者，可选择异相曲柄平衡抽油机。悬点载荷在12t以上者，可考虑选择前置型抽油机。新井投产或老井转抽（除斜井、定向井与稠油井外），在选择抽油设备时，应尽可能选择异相曲柄平衡抽油机与前置型抽油机，因为这样既不增加一次性投资，又可以节能。另一方面对于常规抽油机的改造，要增加一部分投资。在改造前要进行经济分析，权衡利弊。改造时，抽油机底座尺寸最好保留，这样可以利用原有基础，少花一部分投资。实践表明，仅考虑节电收益，在用常规抽油机改造费用，可在3~4年内收回。

四、保持适当的举升高度

有杆抽油系统效率随有效扬程的增加而增加。对于正常抽油机井，有效扬程基本相当于举升高度，为了使抽油机在高效率下运行，要注意保持适当的举升高度。我国大部分油田（如大庆油田）是注水开发，油层能量较高。油田中有相当一部分油井由于设计的抽汲参数偏小，举升高度较小（即抽油泵沉没度过大），致使系统效率偏低。对于这种问题应及时调整抽汲参数，增大排液量，保持一个合理的沉没度，使系统效率大大提高。

五、严防非正常漏失

抽油泵的排量系数影响油井实际产量，进而影响井下效率的高低。在抽油泵正常工作时，在抽油管柱密封的条件下，其排量系数（采油工程上称作泵效）的高低主要受游离气、溶解气、气隙损失、冲程损失、泵筒和阀漏失等因素的影响。这些影响因素又都与沉没压力有关。沉没压力越高影响越小，反之则越大。也就是说，排量系数随沉没压力（或沉没度）而变化。此处所谓提高抽油泵排量系数是指在沉没压力（或沉没度）基本适当的条件下如何提高排量系数。

习　题

1. 有杆抽油系统由哪几部分组成？
2. 简述有杆抽油系统效率的定义。

3. 提高有杆抽油系统效率的目的是什么？

4. 影响有杆抽油系统效率的因素有哪些？

5. 提高有杆抽油系统效率的措施有哪些？

6. 简述地面部分能量损失的计算方法。

7. 有杆抽油系统的功率损失分为几部分？

8. 写出有杆抽油系统的能量平衡公式。

9. 电动机的损耗包含哪几个部分？分别有什么特点？

10. 简述皮带损失的分类和计算。

11. 查阅文献，了解提高有杆抽油系统效率的其他方法。

参考文献

[1] 崔振华. 有杆抽油系统［M］. 北京：石油工业出版社，1994.

[2] 叶鹏. 抽油机井系统效率的数值模拟分析与试验研究［D］. 大庆：东北石油大学，2011.

[3] 范凤英. 提高抽油井系统效率技术［M］. 东营：石油大学出版社，2002.

[4] 张芹. 抽油机井效率优化系统的研究与实现［D］. 秦皇岛：燕山大学，2017.

[5] 冯燿忠. 高效率地设计和使用有杆抽油系统［M］. 石油矿场机械，1989（1）.

[6] 陈丕亭. 电动机节电技术［M］. 北京：科学出版社，1988.

[7] 徐灏. 机械设计手册（第3卷）［M］. 北京：机械工业出版社，1991.

[8] 西北工业大学机械原理及机械零件教研组. 机械设计［M］. 北京：人民教育出版社，1978.

[9] 钻井设备的计算和设计［J］. 国外地质勘探技术，1985（12）：25.

[10] 刘姣. 电加热柔性连续抽油杆动态特性分析［D］. 青岛：中国石油大学（华东），2007.

[11] 李循迹. 抽油泵耗能测试研究［C］. 石油机械，1990（8）.

[12] Gault R H. Designing a sucker-Rod Pumping System for Maximum Efficiency. SPE 14685.

[13] 吴雪琴. 有杆抽油系统能耗与节能技术研究［D］. 荆州：长江大学，2012：59.